高等职业教育云计算系列教材

# 云安全技术应用

路 亚 李 腾 主 编

迟 骋 张占启 赵金俊 副主编

电子工业出版社.

**Publishing House of Electronics Industry**

北京·BEIJING

# 内 容 简 介

本书针对云计算技术与应用专业人才对云安全知识和技能的迫切需求，借鉴主流云计算服务商和信息安全服务商的安全防护技术和培训经验，结合国家相关技术标准，根据高职高专教学特点，合理编排，构建了云安全技术知识体系，内容涵盖云安全基础、云计算系统安全保障、基础设施安全、虚拟化安全、云数据安全、云应用安全和 SECaaS（安全即服务）等。

本书是产教融合、校企合作开发教材的成果，注重实践技能的提高，每章都精心设计了不依赖于专门设备的实训项目，以提高学生的实际操作能力。

本书不仅可作为高职高专、应用型本科相关专业的教材，也可作为云计算培训及自学教材。另外，本书还可作为电子信息类专业教师及学生的参考书。

**图书在版编目（CIP）数据**

云安全技术应用 / 路亚，李腾主编. —北京：电子工业出版社，2019.1
高等职业教育云计算系列规划教材
ISBN 978-7-121-34880-8

Ⅰ. ①云…　Ⅱ. ①路…　②李…　Ⅲ. ①计算机网络－网络安全－高等职业教育－教材　Ⅳ. ①TP393.08

中国版本图书馆 CIP 数据核字（2018）第 184656 号

策划编辑：徐建军（xujj@phei.com.cn）
责任编辑：王　炜
印　　刷：北京七彩京通数码快印有限公司
装　　订：北京七彩京通数码快印有限公司
出版发行：电子工业出版社
　　　　　北京市海淀区万寿路 173 信箱　邮编：100036
开　　本：787×1 092　1/16　印张：12.25　字数：313 千字
版　　次：2019 年 1 月第 1 版
印　　次：2025 年 1 月第 11 次印刷
定　　价：35.00 元

凡所购买电子工业出版社图书有缺损问题，请向购买书店调换。若书店售缺，请与本社发行部联系，联系及邮购电话：（010）88254888，88258888。

质量投诉请发邮件至 zlts@phei.com.cn，盗版侵权举报请发邮件至 dbqq@phei.com.cn。

本书咨询联系方式：（010）88254570。

# 前　言

近年来，我国云计算产业发展势头迅猛，创新能力显著增强，服务能力大幅提升，应用范畴不断拓展，已成为提升信息化发展水平、打造数字经济新动能的重要支撑。预计到 2019年，我国云计算产业规模将达到 4300 亿元以上。同时，随着云计算的发展，云安全问题逐渐凸显，已成为云计算发展的主要障碍之一。

相对于传统信息系统，云计算系统面临着更复杂的网络环境和网络安全问题。传统信息系统主要面临黑客、病毒、木马、蠕虫等社会攻击及内部破坏的安全威胁，而云计算系统除了受到这些威胁之外，还面临着云计算服务因多角色参与而产生的信任问题和安全职责划分问题。如云租户担心云服务商私自保留数据备份或滥用客户数据；云服务商是否要为云租户因个人安全防护缺失而导致的账号密码泄露担责；云服务商提供的服务可持续性能否有效保障；云数据的保密性是否能够得到保障；云应用是否安全可信；云审计信息是否公正等。另外，云端资源的集中汇聚，也导致了黑客攻击目标更为明确集中，并且为黑客利用云资源开展分布式攻击提供了便利。可见在云环境下，安全问题面临的形势更加严峻。

然而，国内/外与云计算安全相关的书籍却不多，适合高职高专层面使用的云计算安全教材更是稀缺。而传统信息安全技术相关教材中几乎没有云安全的相关内容，为了更好地开展专业教学，满足学生未来的职业需求，我们专门编写了本书。

由于云计算安全涉及的内容非常多，本书在编写中侧重于技术内容及标准要求，并注重基础知识普及和实际操作应用等方面。全书共 7 章，第 1 章介绍了云安全的概念和由来；第2 章讲述了云计算系统安全保障涉及的内容；第 3 章介绍了云计算基础设施安全的内容及传统网络安全设备的相关知识；第 4 章介绍了虚拟化技术及其安全问题和安全技术；第 5 章介绍了云数据安全涉及的内容，并补充了密码学的基础知识；第 6 章介绍了云应用安全问题及防护措施；第 7 章介绍了"安全即服务"的典型技术实现。

本书是产教融合、校企合作开发教材的成果，由重庆电子工程职业学院路亚、李腾担任主编，迟骋、华道天勤（北京）技术有限公司工程师张占启、赵金俊担任副主编，路亚编写了全书大纲并统稿。本书第 1～3 章由路亚编写，第 4、5 章由迟骋、张占启、赵金俊编写，第 6、7 章由李腾编写，重庆电子工程职业学院人工智能与大数据学院武春岭院长审阅了全书。

为了方便教师教学，本书配有电子教学课件，请有此需要的教师登录华信教育资源网（www.hxedu.com.cn），注册后免费下载，如有问题可在网站留言板留言，或与电子工业出版社联系（E-mail：hxedu@phei.com.cn）。

虽然我们精心组织，认真编写，但错误和疏漏之处在所难免；同时，由于编者水平有限，书中也存在诸多不足之处，恳请广大读者给予批评和指正，以便在今后的修订中不断改进。

编　者

# 目　　录

# 第1章 云安全基础

学习目标

- ☑ 了解计算模式的演变过程；
- ☑ 了解云计算、云安全问题的产生；
- ☑ 了解 PDRR、PPDRR 模型；
- ☑ 理解云计算、信息安全、云安全相关概念；
- ☑ 理解不同角色的信息安全视角；
- ☑ 理解云计算各参与方不同的安全责任；
- ☑ 掌握云计算安全和"安全即服务"的区别。

## 1.1 云计算概述

自 2006 年 Google 首次明确提出云计算概念，Amazon 第一次将对象存储作为一种服务对外售卖开启云计算时代以来，云计算技术和相关产业迅速发展，新兴云计算企业如雨后春笋般不断涌现，云计算商业模式得到市场的普遍认可。十年间，全球各国政府纷纷出台政策扶持云计算产业，"云"的概念渐渐深入人心。随着云计算的普及，云计算安全问题逐渐凸显，已成为云计算服务提供商和用户共同关心的话题。

### 1.1.1 计算模式的演变

计算模式是指利用计算机完成任务的方式，或计算资源的使用模式。从早期的计算机应用，到如今的云计算，在计算技术的发展历史中，计算模式主要经历了集中式计算模式、个人桌面计算模式、分布式计算模式和按需取用云计算模式的四种演变。

#### 1. 集中式计算模式

第一台电子计算机 ENIAC 诞生于 1946 年 2 月 14 日，由美国宾夕法尼亚大学研究建造，开启了人类使用计算机的时代。早期的计算机由于体积庞大、造价高昂、操作复杂，通常只有为数不多的机构才有财力购置数量有限的计算机，且都是单独放置在特别的房间里，由专业人员进行操作和维护的。

为了充分利用每台计算机的计算资源，计算机系统以一台主机为核心连接多台用户终端，在主机操作系统的管理协调下，各个终端共享主机的硬件资源，包括 CPU、内/外存储器、输入/输出设备等。终端设备通常只有基本的输入/输出设备（显示器和键盘），使用的操作系统是典型的分时操作系统，即一台主机采用时间片轮转的方式同时为几个、几十个甚至几百个用户终端提供计算资源服务。

虽然这种计算模式有系统昂贵、维护复杂、扩展不易、主机负担过重等明显缺点，但这主要是由当时的科学技术水平和工艺水平较低造成的，其计算资源集中、可同时服务多个终端用户的特点在目前的超级计算机上仍可加以应用，从而实现优质资源的使用效益最大化。

### 2．个人桌面计算模式

1981 年 8 月 12 日，国际商用机器公司（IBM）推出了型号为 IBM5150 的新款计算机，"个人计算机"这个新生市场从此诞生。个人计算机的出现推动了娱乐消费类民用电子市场的繁荣和发展，间接促进了计算机技术的发展和生产工艺的更新换代。

个人计算机已经具备甚至超越了过去大型计算机的能力，而且价格非常便宜，因此计算模式逐渐发展成为个人桌面计算模式，或称单机计算模式。它的特点是计算资源分散、满足个人基础计算需求、配置灵活、维护简单。

### 3．分布式计算模式

1968 年，美国国防部高级研究计划局组建了第一个计算机网络，名为 ARPANET（Advanced Research Projects Agency Network，阿帕网）。到 20 世纪 90 年代局域网技术发展成熟，计算机用户通过网络进行信息交互、资源共享变得非常便利，分布式计算也成为可能。这时，个人桌面计算模式开始慢慢向分布式计算模式转移。

分布式计算模式通常采用 C/S（Client/Server）方式工作，其中服务器负责协调工作，将应用程序需要完成的任务分派到各个客户端，并将客户端的计算结果进行汇总整理。在这种方式下，成千上万台个人计算机联合起来可以完成以往使用超级计算机才能完成的计算工作。这种计算模式有着非常巨大的潜力，可以解决需要大量计算的科学难题，如模拟核爆炸、模拟大气运动进行天气预报、分析外太空信号寻找隐蔽黑洞、寻找超大质数等。这种分布式计算模式推广困难，只能在志同道合的组织或团体中进行，普通计算机用户对其并不感兴趣。

### 4．按需取用云计算模式

2006 年 3 月，Amazon 推出弹性计算云（Elastic Compute Cloud，EC2）服务。2006 年 8 月 9 日，Google 首席执行官埃里克·施密特（Eric Schmidt）在搜索引擎大会（SES San Jose 2006）首次提出云计算（Cloud Computing）的概念。这两个事件标志着云时代的到来，十年来，云计算技术和云计算产业飞速发展，成为当前 IT 与产业发展的浪潮之巅。

简单而言，云计算模式就是云计算服务提供商将自己庞大的计算资源和存储资源进行虚拟池化，在集群技术、并行计算、分布式计算等技术保障下，通过高速网络，为用户提供按需取用的虚拟计算资源和（或）虚拟存储资源服务。

从计算机用户的角度来说，分布式计算是由多个用户合作完成某项工作，但云计算不需要用户参与做事，而是交给网络另一端的服务器完成，用户只是享用云端资源。显然，从这个角度看，按需取用云计算模式将计算资源作为一种服务提供给用户，更受普通计算机用户的欢迎，更容易推广。

## 1.1.2 云计算的产生背景

显然，云计算不是凭空而来的，而是在网络技术高度发展，分布式计算模式等技术逐渐成熟的基础上产生和发展起来的，是需求、技术、经济发展和环境保护等因素共同驱动产生的结果。

### 1．需求驱动

经过半个多世纪的发展，计算机和网络已经深入人们生活、工作和学习的方方面面，随着移动互联网络和物联网的兴起和发展，人们对信息化服务质量和便捷性的要求也越来越高。

海量信息的存储、分析和处理需求迅猛增加；互联网服务需要更加便捷、灵活；道路交通状况、天气状况、各类排队信息实况（如医院挂号、车票/机票/门票/电影票信息、餐馆就餐）等信息的实时性要求变得更高；便携终端实现泛在信息访问的需求突增猛长；各类物联网现代应用需要满足智能化、普适化、远程控制等系列要求；创新创业用户希望不再需要购买和维护各种软/硬件设施，能够高效率、低成本、按需随时地获取 IT 服务来打造"零硬件、免维护"的创业基础，降低投入成本、提高研发和受益速度。

### 2．技术驱动

计算机发展的 70 年，集成电路芯片工艺和硬件技术以"摩尔定律"的速度迅速发展，分布式计算、并行计算、网络存储、虚拟化技术、网格计算、集群技术等逐渐发展成熟并广泛运用，伴随着高速网络技术的快速发展、软件定义一切（Software Defined X）概念的出现、Web 2.0 技术的产生和流行，云计算的技术基础被稳固奠定。

### 3．经济发展驱动

云计算的思想萌芽产生于 20 世纪 60 年代，当时计算设备的价格非常高昂，远非普通企业、学校和机构所能承受，所以很多人产生了共享计算资源的想法。1961 年，人工智能之父约翰·麦肯锡提出了"效用计算"这个概念，借鉴了电厂为用户提供便捷电力接入的模式，目标是整合分散在各地的服务器、存储系统及应用程序来共享给多个用户，让用户能够像使用电力资源一样来使用计算机资源，并且根据其所使用的量来收费。由于当时整个 IT 产业还处于发展初期，很多强大的技术还未诞生，所以没有实现的土壤。

利用有限的资源实现效益的最大化，是技术发展和创新的主要目标之一。2008 年爆发的金融危机促使 IT 厂商寻求新的降低成本、提高资源利用率、提高企业生存率的商业模式。在此背景下，具备合理配置计算资源、提升资源利用率、减少初期投资、降低运营成本、缩短开发周期、迅速实现效益等优势的云计算，很快受到 IT 企业和各国政府的青睐，迅速扩大影响，成为引领时代发展的关键技术。

### 4．环境保护驱动

经济的快速发展给生态环境带来沉重压力，环境污染和生态破坏持续加剧，各国政府已经意识到环境保护的重要性。一般地讲，集约化的方式更为节能环保，而云计算正是目前集约化程度最高的 IT 应用模式。

人们通常只注意到重工业、矿物开采、加工业、交通运输等传统行业的能耗，而忽视了 IT 产业的能耗。在传统观念中，认为电子游戏、软件程序等虚拟应用对资源的消耗极低，但事实却并非如此。据计算，虚拟社区游戏《第二人生》每个虚拟角色的个人能耗大于一个巴西人的平均能耗，一个 15 000 人的虚拟社区，所消耗的单位电能已经达到巴西一个小型城镇的能耗。国内很多网络游戏，活跃用户动辄数百万、上千万人，所带来的电能消耗更是惊人。

据中国互联网络信息中心（CNNIC）的第 41 次《中国互联网络发展状况统计报告》显示，截至 2017 年 12 月，我国网民数量已达到 7.72 亿。一台台式机功耗是 200～400W，取 200W 进行估算，假设全国网民中有 3.6 亿为台式机用户，以每天开机 3.8 小时（统计报告显示人均周上网时长 26.4 小时）进行估算，全年总耗电量达到 998.64 亿度，超过了三峡电站年发电量 976.05 亿度（2017 年财报数据）的规模。可想而知，三峡电站一年的发电量还不够我国台式机消耗的。

由此可见，IT 类相关的资源消耗是非常吓人的。个人用户的 IT 类碳排放难以立竿见影地缩减，而企业、事业单位 IDC（数据中心）的碳排放（IDC 的碳排放占所有 IT 类碳排放的五成以上）是可以有效减少的，途径就是使用云计算。

企业 IDC 的资源利用率极低，仅有极少量计算资源（约 3%）被真正有效地使用，而庞大的服务器群用电需求却很高。通过云计算、虚拟化技术，提升系统使用率（10%～50%），从而减少服务器数量，是节能减排、促进环保的有效方法。而租用云虚拟主机，更能降低成本、节约能耗、减少污染。

### 1.1.3　云计算的概念

有许多定义尝试着从学术、架构师、工程师、开发人员、管理人员和消费者等不同的角度来定义什么是云计算。

云安全联盟（Cloud Security Alliance，CSA）认为"云计算是一种新的运作模式和一组用于管理计算资源共享池的技术"，"是一种颠覆性的技术，它可以增强协作、提高敏捷性、可扩展性及可用性，还可以通过优化资源分配、提高计算效率来降低成本"。

美国国家标准与技术研究院（NIST）将云计算定义为：Cloud computing is a model for enabling convenient, on-demand network access to a shared pool of configurable computing resources (e.g., networks, servers, storage, applications and services) that can be rapidly provisioned and released with minimal management effort or service provider interaction. This cloud model promotes availability and is composed of five essential characteristics, three service models, and four deployment models. 云计算是一种模型，它可以实现随时随地、便捷地、随需应变地从可配置计算资源共享池中获取所需的资源（例如，网络、服务器、存储、应用和服务），资源能够快速供应并释放，使管理资源的工作量和与服务提供商的交互减小到最低限度。该云模型是由五个基本特征、三个服务模型和四个部署模型组成的。

可见，云计算是一种服务，是一种信息服务交付模式。用户可以便捷地、按需地通过网络实现对共享计算资源的访问，访问的资源池（如网络、服务器、存储、应用程序、服务等）可以通过人机交互快速进行配置。

### 1.1.4　云计算的模型

NIST 出版物是被普遍接受的，具有较高的参考价值，这里也使用 NIST 定义模型对云计算的内涵进行说明，该模型包含五个基本特征、三个服务模型和四个部署模型，如图 1-1 所示。

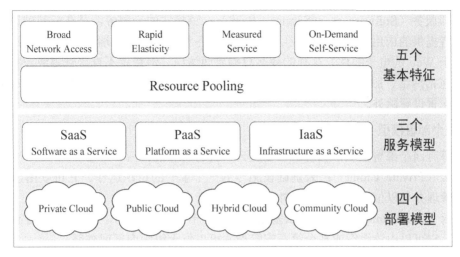

图 1-1　NIST 定义的云计算模型

### 1．五个基本特征

随需应变的自助服务（On-Demand Self-Service）：消费者可以单方面地按需自动获取计算能力，如服务器时间和网络存储，从而免去了与每个服务提供者进行交互的过程。

无处不在的网络访问（Broad Network Access）：用户可以通过不同的客户端（如移动电话、笔记本电脑或 PDA 掌上电脑等），随时随地通过网络获取云计算资源。

资源共享池（Resource Pooling）：服务提供者将计算资源汇集到资源池中，通过多租户模式共享给多个消费者，根据消费者的需求对不同的物理资源和虚拟资源进行动态分配或重分配。资源的所在地具有保密性，消费者通常不知道资源的确切位置，也无力控制资源的分配，但是可以指定较精确的概要位置（如国家、省、数据中心等）。资源类型包括存储、处理、内存、带宽和虚拟机等。

快速弹性（Rapid Elasticity）：能够对资源进行快速和弹性的提供与释放。对消费者来说，可取用的功能是应有尽有的，并且可以在任何时间进行任意数量的购买。

计量付费服务（Measured Service）：云系统利用一种计量功能（通常是通过一个付费使用的业务模式）来自动调控和优化资源利用，根据不同的服务类型按照合适的度量指标进行计量（如存储、处理、带宽和活跃账户）。它可以控制和报告资源的使用情况，提升服务提供者和服务消费者的透明度。

### 2．三个服务模型

云计算提供三个不同类别的服务：

基础设施即服务（Infrastructure as a Service，IaaS）：消费者租用处理器、存储、网络和其他基本的计算资源，能够在上面部署和运行任意软件，包括操作系统和应用程序。消费者虽不管理或控制底层的云计算基础设施，但可以控制操作系统、存储、部署的应用，也有可能选择网络构件（如主机防火墙）。

平台即服务（Platform as a Service，PaaS）：消费者将自己创建或获取的应用程序，利用资源提供者指定的编程语言和工具部署到云的基础设施上。消费者不直接管理或控制包括网络、服务器、运行系统、存储，甚至单个应用功能在内的底层云基础设施，但可以控制部署的应用程序，也有可能配置应用的托管环境。

软件即服务（Software as a Service，SaaS）：该模式的云服务，是在云基础设施上运行的由提供者提供的应用程序。这些应用程序可以被各种不同的客户端设备，通过像 Web 浏览器（如基于 Web 的电子邮件）这样的瘦客户端界面访问。消费者不直接管理或控制底层云基础设施，包括网络、服务器、操作系统、存储，甚至单个应用的功能，但有限特定于用户的应用程序配置设置除外。

### 3. 四个部署模型

云计算有四个部署模型：私有云、社区云、公有云和混合云。

私有云（Private Cloud）：云基础设施专为一个单一的组织运作。它可以由该组织或某个第三方管理并可以位于组织内部或外部，如企业云、校园云等。

社区云（Community Cloud）：云基础设施由若干个组织共享，支持某个特定有共同关注点的社区。它可以由该组织或某个第三方管理并可以位于组织内部或外部。

公有云（Public Cloud）：云计算服务提供商提供云基础设施服务给一般公众或行业团体，如阿里云等。

混合云（Hybrid Cloud）：云基础设施由两个或多个云（私有、社区或公共）组成，以独立实体存在，但是通过标准的或专有的技术绑定在一起，这些技术促进了数据和应用的可移植性（如云间的负载平衡）。混合通常用于描述非云化数据中心与云服务商的互联。

## 1.2 信息安全概述

云计算作为一种服务支付方式，其底层基础设施是在原有的信息系统基础设施上建设和发展的，同样需要传统信息安全技术和管理的保障。传统的安全技术在云计算安全技术体系中仍然处于主导地位。下面介绍信息安全的概念、属性、原则和视角。

### 1.2.1 信息安全概念

信息及信息通信作为一种资源，它的普遍性、共享性、增值性、可处理性和多效用性，使其对于人类具有特别重要的意义。从诞生信息通信的那天起，信息安全就伴随而来，信息安全的实质是要保护信息系统或信息网络中的信息资源免受各种类型的威胁、干扰和破坏，即保证信息的安全性。

ISO 对信息安全的定义：对数据处理系统采取技术、管理的安全保护，保护计算机硬件、软件、数据不因偶然的或恶意的原因而受到破坏、更改、泄露。

我国相关标准的定义：信息安全是指信息系统（硬件、软件、数据、人、物理环境及其基础设施）受到保护，不受偶然的或者恶意的原因而遭到破坏、更改、泄露，系统连续可靠正常地运行，信息服务不中断，最终实现业务连续性。

信息系统不仅仅是业务的支撑，还是业务的命脉，信息安全的根本目的是保证组织业务可持续性运行。信息安全应该建立在整个生命周期中所关联的人、事、物的基础上，综合考虑人、技术、管理和过程控制，使信息安全不是一个局部而是一个整体。另外，信息安全还要考虑成本因素。

一般将信息安全问题的根源归结为内因和外因，内因是指信息系统的复杂性导致漏洞的存在不可避免（脆弱性）；外因是指环境因素和人为因素（威胁）。具体来说导致信息安全问题的主要来源有：自然灾害、意外事故；计算机犯罪；人为错误（如使用不当、安全意识差等）；黑客攻击；内部泄密；外部窃密；信息丢失；信息战（如电子谍报、信息流量分析、窃取等）；信息系统、网络协议自身缺陷等。

## 1.2.2　信息安全属性

信息安全的基本属性包括保密性、完整性和可用性，即 CIA 三要素，是对信息系统安全的最基本要求。

保密性（Confidentiality）是指阻止非授权的主体阅读信息。它是信息安全一诞生就具有的特性，也是信息安全主要的研究内容之一。更通俗地讲，就是说未授权的用户不能获取敏感信息。对纸质文档信息，只要保护好文件，不被非授权者接触即可，而对计算机及网络环境中的信息，不仅要制止非授权者对信息的阅读，也要阻止授权者将其访问的信息传递给非授权者，以致信息被泄露。

完整性（Integrity）是指防止信息被未经授权的篡改，使其保持真实性。如果这些信息被蓄意地修改、插入、删除等，形成虚假信息将带来严重的后果。信息的完整性保证，通常是对消息计算摘要，当消息被改变时，通过验证摘要信息可以及时发现。

可用性（Availability）是指授权主体在需要信息时能及时得到服务的能力。它是在信息安全保护阶段对信息安全提出的新要求，也是在网络化空间中必须满足的一项信息安全要求。

除此之外还有可控性、不可否认性、可审计性、可鉴别性等安全属性。

可控性（Controlability）是指对信息和信息系统实施安全监控管理，防止非法利用信息和信息系统。

不可否认性（Non-Repudiation）是指在网络环境中，信息交换的双方不能否认其在交换过程中发送信息或接收信息的行为。

可审计性（Audibility）是指信息系统的行为人不能否认自己的信息处理行为，与不可否认性的信息交换过程中行为可认定性相比，可审计性的含义更宽泛一些。

可鉴别性（Authenticity）是指信息的接收者能对信息发送者的身份进行判定，它也是一个与不可否认性相关的概念。

信息安全的保密性、完整性和可用性主要强调对非授权主体的控制。信息安全的可控性、不可否认性、可审计性和可鉴别性是通过对授权主体的控制，实现对保密性、完整性和可用性的有效补充，主要强调授权用户只能在授权范围内进行合法的访问，并对其行为进行监督、审查、鉴别。

## 1.2.3　信息安全原则

为了解决信息安全问题，确保资产免受威胁攻击，在保护资产安全时，应遵循以下几个原则。

### 1．最小化原则

受保护的敏感信息只能在一定范围内被共享，履行工作职责和职能的安全主体，在法律和相关安全策略允许的前提下，仅为满足工作需要被授予其访问信息的适当权限，称为最小化原则。可以将最小化原则细分为知所必须（Need to Know）和用所必须（Need to Use）的原则。

### 2．分权制衡原则

在信息系统中，对所有权限应该进行适当划分，使每个授权主体只能拥有其中的一部分权限，使他们之间相互制约、相互监督，共同保证信息系统的安全。如果一个授权主体分配的权限过大，无人监督和制约，就隐含了权力滥用的安全隐患。目前信息系统机房要求至少有三个管理员实现分权制衡：网络管理员、应用（服务）管理员、安全管理员。

### 3．安全隔离原则

隔离和控制是实现信息安全的基本方法，而隔离是进行控制的基础。信息安全的一个基本策略就是将信息的主体与客体分离，按照一定的安全策略，在可控和安全的前提下实施主体对客体的访问。

在基本原则的基础上，人们在生产实践过程中还总结出一些实施原则，是基本原则的具体体现和扩展，包括整体保护原则、谁主管谁负责原则、适度保护的等级化原则、分域保护原则、动态保护原则、多级保护原则、深度保护原则和信息流向原则等。

## 1.2.4　信息安全视角

信息安全是任何国家、政府、部门、行业、企业、个人都必须重视的问题，是一个不容忽视的国家安全战略，但不同角色的信息安全视角是不同的。

### 1．国家视角

国家视角对信息安全关注点主要集中在网络战、关键基础设施保护、法律建设和标准化上。

（1）网络战

网络战是指一个国家为了对另一个国家造成损害或破坏而渗透其计算机或网络的行动。网络空间现已成为继陆、海、空、天之后的第五大主权空间，国际上围绕网络安全的斗争日趋激烈，维护网络空间安全已成为维护国家安全新的战略制高点。

（2）关键基础设施保护

国家关键基础设施是指"公共通信和信息服务、能源、交通、水利、金融、公共服务、电子政务等重要行业和领域，以及其他一旦遭到破坏、丧失功能或者数据泄露，可能严重危害国家安全、国计民生、公共利益的基础设施"，这是在 2017 年 6 月 1 日正式实施的《中华人民共和国网络安全法》中明确定义的。关键基础设施保护是国家视角关注的要点，以保障基础设施的可用性、可控性等不受侵害。

（3）法律建设

法律是一国之根本，信息安全问题的特殊性和复杂性需要国家通过法律进行约束。信息安全立法活动必须在立法原则的指导下进行，才能把握信息安全发展的客观规律，更好地发挥法律调控功能。由于互联网的开放、自由和共有的脆弱性，使国家安全、社会公共利益及个人权利在网络活动中面临着来自各方面的威胁，国家需要在技术允许的范围内保持适当的安全要求。

（4）标准化

标准就是规矩，既能打破技术壁垒，也能成为新的技术壁垒。参与国际标准的制定是提高国际话语权的重要途径，不然只能被别人牵着鼻子走。信息安全标准是我国信息安全保障体系的重要组成部分，是政府进行宏观管理的重要依据。从国家意义上来说，信息安全标准关系到国家的安全及经济利益，它是保护国家利益、促进产业发展的一种重要手段。

### 2. 商业视角

商业组织对信息安全的关注点主要集中在业务连续性管理、可遵循的资产保护、合规性等方面。

（1）业务连续性管理

业务连续性管理（Business Continuity Manager，BCM）是一项应对组织业务发生重大中断时的综合管理流程，它使企业认识到潜在的危机和相关影响，制定相应业务连续性的恢复计划，其总体目标是为了提高企业的风险防范能力，以有效地响应计划外的业务破坏并降低不良影响。

（2）可遵循的资产保护

可遵循的资产保护是指商业组织应明确要保护的内容、使用手段和方法。在安全事件发生时，所保护的资产是否为组织的核心资产。这是考核一个组织应对业务连续性管理时的首要问题。

（3）合规性

合规性包含法律法规的合规和标准化的合规，商业组织的运行离不开合规性的保护和约束。法律法规的合规，如知识产权侵犯，符合落地国家法律的网络监控行为和数据出口行为等；标准的合规性，如第三方支付卡业务所需要的 PCI-DSS，政府、国企所需要的信息安全等级保护等标准规范文件。2018 年 4 月 16 日，美国商务部对中兴通讯施加制裁，给其带来一场"灭顶"之灾。这场风波虽然有美国大搞贸易战的背景，但也给中国企业家带来有关"合规性"的思索，激发起国人进行核心技术自主创新的热情。

### 3. 个人视角

从个人角度而言，信息安全不仅仅是一个技术问题，还是一个社会、法律及道德问题。个人视角对信息安全关注点集中在隐私保护、社会工程学和个人电子资产保护方面。

（1）隐私保护

没有谁愿意将自己的隐私公示于人，所以隐私保护成为网民们最关心的问题。由于隐私问题在我国法律中没有明确定义，因此隐私侵犯在互联网中比比皆是，常见的问题，如身份信息、医疗健康信息、注册信息被泄露后受到电信诈骗及"人肉搜索"等。

（2）社会工程学

社会工程学是世界知名黑客凯文·米特尼克在《欺骗的艺术》中所提出的，但其初始目的是让全球的互联网用户能够懂得网络安全，提高警惕，防止不必要的个人损失。社会工程学的实质是一种通过对受害者心理弱点、本能反应、好奇心、信任、贪婪等心理陷阱进行诸如欺骗、伤害等危害手段取得自身利益的手法。常见类型包括各种各样的网络钓鱼攻击、电话诈骗等。

（3）个人电子资产保护

我国是互联网支付、网络移动支付最普及、最发达的国家。因此，个人电子资产保护已成为人们越来越关心的问题。这个问题既要靠支付平台进行网络信息安全技术保障来解决，也要靠个人用户养成良好的支付习惯和提高安全意识来解决，还要依赖于法律法规的健全和严格执法。

### 1.2.5 信息安全模型

#### 1. P2DR 模型

P2DR（PPDR）模型是美国 ISS 公司提出动态网络安全体系的代表模型，是在 PDR 模型的基础上增加了策略要素，即构成"Policy（策略）、Protection（防护）、Detection（检测）、Response（响应）"的动态安全模型，如图 1-2 所示。

图 1-2　PPDR 模型

（1）策略：策略是模型的核心，所有的防护、检测和响应都是依据安全策略实施的。网络安全策略一般包括总体安全策略和具体安全策略两部分。

（2）防护：防护是根据系统可能出现的安全问题而采取的预防措施，这些措施通过传统的静态安全技术实现。采用的防护技术通常包括数据加密、身份认证、访问控制、授权和虚拟专用网（VPN）技术、防火墙和数据备份等。

（3）检测：当攻击者穿透防护系统时，检测功能就会发挥作用与防护系统形成互补。检测是动态响应的依据，如脆弱性扫描、入侵检测等。

（4）响应：系统一旦检测到入侵，响应就开始工作，进行事件处理。响应包括紧急响应和恢复处理，恢复处理又包括系统恢复和信息恢复。

P2DR 模型是在整体策略的控制和指导下，在综合运用防护工具（如防火墙、操作系统身份认证、加密等）的同时，利用检测工具（如漏洞评估、入侵检测等）了解和评估系统的安全状态，通过适当的反应将系统调整到"最安全""风险最低"的状态。防护、检测和响应组成了一个完整的、动态的安全循环，在策略的指导下保证信息系统的安全。

#### 2. PPDRR 模型

PPDRR（P2DR2）模型是典型的动态、自适应的安全模型，包括 Policy（策略）、Protection（防护）、Detection（检测）、Response（响应）和 Recovery（恢复）五个主要部分，如图 1-3 所示。

图 1-3　PPDRR 模型

与 P2DR 相比，PPDRR 增加了恢复环节。恢复指系统受到安全危害与损失后，能迅速恢复系统功能和数据，保障业务连续性。在风险处理时可参考此模型，以适应安全风险和安全需求的不断变化，提供持续的安全保障。

## 1.3　云安全

### 1.3.1　云计算的安全问题

云计算技术的兴起使互联网的发展到达了又一巅峰，然而"云"也是一把双刃剑，云计算服务不仅面临传统的信息安全问题，同时带来新的安全问题。

一方面，云服务中断事件让客户难以放心。近年来云服务提供者服务中断事件相继出现，国外云服务有 Amazon、Dropbox、Facebook、Microsoft Office 365、Outlook.com、Microsoft Azure Cloud、Google Drive、Twitter、Google Services、Apple Icloud、Verizon、Yahoo Mail 等都出现过安全事件。国内云公司也频繁出现安全事件，如盛大云出现物理机损坏导致服务停止等。

另一方面，云计算漏洞安全事件频发。CSA 云漏洞工作组（Cloud Vulnerabilities Working Group）调研报告显示，云计算服务出现安全事件日益突出，2009 年至 2011 年，云漏洞安全事件数量成倍增长，2009 年安全事件数量为 33 件，2011 年增加到 71 件。CSA 的调查表明，云计算服务的前三个威胁：非安全的接口和 API（Insecure Interfaces & API）的安全事件为 51 件占 29%；数据丢失和泄露（Data Loss & Leakage）的安全事件为 43 件占 25%；硬件失效的安全事件为 18 件占 10%。Informatics 在《2018 中国企业 CIO 最关注的云数据管理问题》调研项目的结果显示，中国有 80%的企业已经在使用云端平台或云端应用，仅有 20%的企业 CIO（首席信息官）表示尚未使用。企业向云端扩展的过程中面临的主要问题：数据安全与政策合规（69.8%）、混合架构带来的复杂性（60.5%）、节约部署成本却增加了集成难度（50%）。

各项调查结果显示，目前云计算最突出的三个安全问题：安全性、性能和可用性。

（1）安全性

主要是指数据和隐私安全，这是人们进行数字资源云化时最大的顾虑，也是发生安全事件时最触动人敏感神经的因素。云服务商需要保证云数据资源保密存储并保证隐私安全，提高用户信任度。

（2）性能

云计算提供随需应变的自助服务、无处不在的网络访问和弹性伸缩，是需要网络基础设施的保障才可以实现的。目前"宽带不宽"的问题直接影响用户的使用体验。

（3）可用性

可用性（业务连续性）是保障系统持续运行的能力，即要求当系统出现异常时仍能提供服务的能力。由于用户、信息资源的高度集中，云计算平台容易成为黑客攻击的目标，由此拒绝服务造成的后果与破坏性将会明显超过传统的企业网应用环境。

## 1.3.2 云计算的安全责任

云安全面临着比传统信息安全更复杂的环境。传统信息安全往往采用"谁主管、谁负责；谁经营，谁负责"的原则，系统机房的建设者就是管理者，运营者就是责任人。而云计算涉及至少三方角色：云监管方、云客户、云服务商，云安全自然关系到这三者的责任与利益，云服务商往往需要担负比传统安全更多的额外责任。

云监管方主要关注和云计算相关的安全制度和政策制定、云计算安全标准制定、云计算安全水平评级及服务许可与监管等方面。

云客户主要关注用户数据和隐私的私密性问题、使用云服务给客户带来的安全问题，如保证服务的连续性问题及云中用户数据的备份和恢复问题等。

云服务商主要关注云服务安全保障问题、云计算环境风险识别和管理、数据存储和容灾问题、云审计问题及法规遵从问题等。

有些云服务还涉及多个服务商（如混合云），有些云服务涉及云经纪（第三方云销售商）等，这就使利益方更多，相互责任交叉的问题更是难以避免。

《信息安全技术 云计算服务安全能力要求》（GB/T 31168—2014）对云服务商和云客户之间的安全责任做了规范，根据云计算服务模式的不同，分别界定了两者的责任控制范围。云计算服务的安全性由云服务商和客户共同保障。在某些情况下，云服务商还要依靠其他组织提供计算资源和服务，其他组织也应承担信息安全责任。因此，云计算安全措施的实施主体有多个，各类主体的安全责任因不同的云计算服务模式而异，如图1-4所示。

在不同的服务模式中，云服务商和客户对计算资源拥有不同的控制范围，控制范围则决定了安全责任的边界。云计算的物理资源层、资源抽象和控制层都处于云服务商的完全控制下，所有安全责任由云服务商承担。服务层的安全责任则由双方共同承担，越靠近底层（IaaS）的云计算服务，客户的管理和安全责任越大；反之，越靠近顶层（SaaS），云服务商的管理和安全责任越大。

在 SaaS 中，云服务商需要承担物理资源层、资源抽象和控制层、操作系统、应用程序等的相关责任。云客户则需要承担自身数据安全、客户端安全等的相关责任；在 PaaS 中，云服务商需要承担物理资源层、资源抽象和控制层、操作系统、开发平台等的相关责任。客户则需要承担应用部署及管理，以及 SaaS 中客户应承担的相关责任；在 IaaS 中，云服务商需要承担物理资源层、资源抽象和控制层等的相关责任，云客户则需要承担操作系统部署及管理，以及 PaaS、SaaS 中云客户应承担的相关责任。

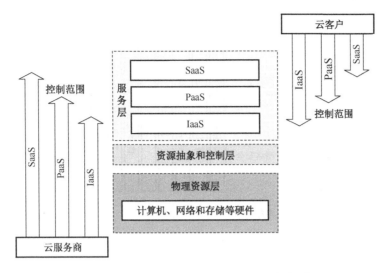

图 1-4　云计算服务模式与控制范围的关系

如果云服务商用到其他组织提供的服务，如 SaaS 或 PaaS 云服务商使用 IaaS 云服务商的基础资源服务。在这种情况下，一些安全措施由其他组织提供。

在具体实践中，云服务商的首要关注点在于系统运维安全，其核心工作是确保客户数据安全与自身业务连续性，保障保密性、完整性、可用性三要素；云客户/云租户的首要关注点是数据安全，关心自身数据流转全过程的安全性。

### 1.3.3　云安全的概念

"云安全"目前没有确切的定义，但多数学者都认可将"云安全"分为云计算安全和云安全服务两个方向。

#### 1. 云计算安全

云计算安全就是保护云计算系统本身的安全性。从云服务商的角度来说，就是要保证"云建设""云服务""云运维"过程中的安全性。一方面要考虑云平台面临的传统计算平台的安全问题，另一方面既要保证对外提供云计算服务的业务可持续性，还要向客户证明自己具备某种程度的数据隐私保护能力。从云用户的角度来说，主要涉及"云使用"中管理虚拟云端资产的安全性。

维基百科对此有相同观点："云计算的安全性（Cloud Computing Security），有时也简称为'云安全'（Cloud Security），是一个演化自计算机安全、网络安全和信息安全的子领域，而且还在持续发展中。云安全是指一套广泛的政策、技术与控制方法，用以保护数据、应用程序与云计算的基础设施。"

不同层次的云计算服务，所涉及的安全技术有所不同，云服务商和云客户也分别涉及不同的安全要求。云服务商主要提供基础设施安全、虚拟化安全、分布式数据安全、接口安全、应用程序安全、身份鉴别与访问控制、备份与业务连续性、数据隔离、安全审计、加密和密钥管理等安全内容，云用户需要注意个人用户身份安全、终端设备安全、SaaS 平台自身数据安全、PaaS 平台应用部署及管理安全、IaaS 平台虚拟机系统部署安全等，如图 1-5 所示。

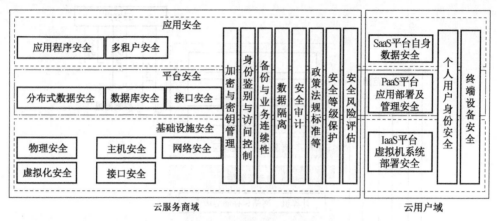

图 1-5　云计算安全的内容

### 2. 云安全服务

云安全服务是指一种通过云计算方式交付的安全服务，也称"安全云服务""安全即服务（Security as a Service，SECaaS）"。类似于 IaaS、PaaS、SaaS 的定义，SECaaS 也是云计算的一种，其特殊之处为交付的资源是安全产品或安全服务。这些安全服务通常包括认证、云网页过滤与杀毒应用、云内容安全服务、云垃圾邮件过滤、反恶意软件/间谍软件、云入侵检测、云安全事件管理等，此种交付形式可避免客户采购硬件带来的大量资金支出和人力资源开销。

云计算安全和云安全服务不是对立的概念，而是有着密切的关系。云计算安全是云计算平台提供云安全服务的基础，没有自身的安全，谈何对外提供安全服务？

需要注意的是，"云安全（Cloud Security）"这个词最早是由趋势科技在美国于 2008 年5 月提出的，其本质为"云杀毒"是一种典型的 SECaaS 应用。它融合了并行处理、网格计算、未知病毒行为判断等新兴技术和概念，通过网状的大量客户端对网络中软件行为进行异常监测，获取互联网中木马、恶意程序的最新信息，推送到 Server 端进行自动分析和处理，再把病毒和木马的解决方案分发到每一个客户端。在本书中将这个概念作为 SECaaS 的一种形式，而不将其称为"云安全"，以免混淆。

## 1.3.4　保护对象的比较

传统信息安全主要包括物理和环境安全、网络和通信安全、设备和计算安全、数据安全和应用安全。在云计算环境中，云计算的 IT 资源以服务的形式提供，多租户共享 IT 服务资源，IT 服务资源支持可伸缩性部署。其安全需求除了传统信息安全外，新增的安全需求主要包括多租户安全隔离、虚拟资源安全、云服务安全合规、数据可信托管、隐私保护等。同时，由于云计算系统承载不同用户应用和数据，相比传统安全，其安全运维要求更高。具体如表 1-1 所示。

表 1-1　云计算系统与传统信息系统保护对象的差异

| 层　面 | 云计算平台及云租户业务应用系统保护对象 | 传统信息系统保护对象 |
| --- | --- | --- |
| 物理和环境安全 | 机房及基础设施 | 机房及基础设施 |
| 网络和通信安全 | 网络结构、网络设备、安全设备、虚拟化网络结构、虚拟网络设备、虚拟安全设备 | 传统的网络设备、传统的安全设备、传统的网络结构 |
| 设备和计算安全 | 网络设备、安全设备、虚拟网络设备、虚拟安全设备、物理机、宿主机、虚拟机、虚拟机监视器、云管理平台、数据库管理系统、终端、存储 | 传统主机、数据库管理系统、终端 |
| 应用和数据安全 | 应用系统、云应用开发平台、中间件、云业务管理系统、配置文件、镜像文件、快照、业务数据、用户隐私、鉴别信息等 | 数据、用户隐私、鉴别信息等 |
| 安全建设管理 | 云计算平台接口、云服务商选择过程、SLA、供应链管理过程等 | N/A |

注：该表出自行业标准《信息安全技术 网络安全等级保护基本要求 第 2 部分：云计算安全扩展要求》（GA/T 1390.2—2017）附录 C。

## 1.4　项目实训

云计算在深刻地影响着人们的生活、工作和社会发展，作为未来的云计算专业从业人员、未来的云计算架构工程师、云计算运维工程师、云安全技术支持工程师等，需要随时掌握行业动态，了解技术发展趋势和产品市场动态。

**实训任务**

调研云计算服务提供商和信息安全服务商提供的云计算服务和安全保障措施。

**实训目的**

（1）了解知名云计算服务提供商、信息安全服务商提供的服务和产品；

（2）了解行业动态，了解最新资讯；

（3）掌握调研、提炼、总结、分析、对比等信息处理方法；

（4）通过调查资料，加深对理论性知识的理解和掌握；

（5）锻炼团队协作能力。

**实训步骤**

（1）班内分组，团队协作完成任务；

（2）采用网上调研、注册体验、分析总结等方式，研究知名云平台和安全服务商提供的云计算产品、云安全产品及服务；

（3）要求对云计算服务提供商和信息安全服务商至少各三家进行了解、比较和说明；

（4）形成调研报告，要求多用图、表、数据等，增强说服力；

（5）每组制作调研报告和总结 PPT 进行汇报展示，以及小组自评和组间互评。

## 【课后习题】

### 一、选择题

1. 下列（　　）不是信息安全基本属性（CIA 三要素）的内容。
    A．完整性        B．可用性        C．不可抵赖性        D．机密性

2. 云计算中基础设施即服务是指（　　）。
    A．PaaS        B．IaaS        C．SaaS        D．SECaaS

3. "云安全"最早是由（　　）公司提出的。
    A．360        B．趋势科技        C．金山软件        D．江民科技

4. SECaaS 是指（　　）。
    A．安全即服务        B．软件即服务        C．云安全        D．安全云

### 二、简答题

1. 说明云计算的五个基本特征、三个服务模型和四个部署模型分别是什么。

2. 分析传统信息安全问题的根源，从内因和外因两个方面分别说明。

3. 从云服务商和云租户两个角度分析云计算的安全责任，以及分别需要承担哪些安全责任？

# 第2章 云计算系统安全保障

■ 学习目标

☑ 了解云计算系统安全保障的概念；
☑ 了解风险评估的概念及要素；
☑ 理解威胁与脆弱性的概念；
☑ 理解风险分析的相关概念；
☑ 了解云安全相关规范与标准；
☑ 掌握通过漏洞扫描发现系统脆弱性的方法。

## 2.1 概述

### 2.1.1 云计算系统安全保障的概念

随着信息技术发展的变革，信息安全发展经历了通信安全、计算机安全、网络安全、信息安全保障、网络空间安全等阶段。进入网络空间安全阶段，互联网已经将传统的虚拟世界与物理世界相互联接，形成网络空间。"工云大移物智"（工业控制、云计算、大数据、移动互联、物联网、人工智能）技术领域融合带来了新的安全风险。网络空间安全的核心，强调"威慑"的概念，将防御、威慑和利用结合成三位一体的网络空间安全保障。

云计算系统安全保障的概念延续自"信息系统安全保障"，并成为网络空间安全保障的重要组成部分。信息系统安全保障是指在信息系统的整个生命周期中，通过对信息系统的风险分析，制定并执行相应的安全保障策略，从技术、管理、工程和人员等方面提出安全保障要求，确保信息系统的保密性、完整性和可用性，降低安全风险到可接受的程度，从而保障系统实现组织机构的使命。

云计算系统安全保障包含传统信息系统安全保障工作，但并不限于此。除了保障自身安全的 CIA 三要素以外，还需要保证为云用户提供安全可靠的云计算服务，保证云用户的数据安全、隐私安全、业务连续性等，有些云服务商还为客户提供云安全扫描、云审计等云安全服务。

本章提出"云计算系统安全保障"是借鉴传统信息安全保障模型，将该模型内容及与之相关的标准化、等级保护、风险评估等概念，在"云计算系统安全"范畴进行扩展，使云计算技术与应用专业学生能够建立起综合安全保障的意识，并了解相关概念，便于后续知识体系的建立和知识的理解掌握。

### 2.1.2 信息系统安全保障的模型

在《信息安全技术 信息系统安全保障评估框架 第 1 部分：简介和一般模型》（GB/T 20274.1—2006）中，提出了信息系统安全保障模型包含保障要素、生命周期和安全特征三个方面，具体如图 2-1 所示。

这个模型的主要特点有：

（1）信息系统安全保障应贯穿信息系统的整个生命周期，包括规划组织、开发采购、实施交付、运行维护和废弃五个阶段，以获得信息系统安全保障能力的持续性。

（2）强调综合保障的观念，通过综合技术、管理、工程和人员四个要素来实施和实现信息系统的安全保障目标，提高对信息系统安全保障的信心。

（3）信息系统安全保障是基于过程的保障。通过风险识别、风险分析、风险评估、风险控制等管理活动，降低信息系统的风险，从而实现信息系统安全保障。

（4）信息系统安全保障的目的不仅是保护信息和资产的保密性、完整性和可用性等安全要素，更重要的是通过保障信息系统安全，使其所支持的业务安全，从而达到实现组织机构使命的目的。

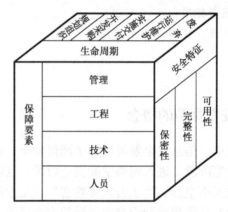

图 2-1　信息系统安全保障模型

在四个安全保障要素中，技术主要包括：密码技术、访问控制技术、审计和监控技术、网络安全技术、操作系统技术、数据库安全技术、安全漏洞与恶意代码、软件安全开发等；工程主要包括系统和应用的开发、集成、操作、管理、维护和进化及产品的开发、交付和升级；人员是指信息安全人才的培养和锻炼；管理主要包括信息安全管理体系的建立、信息安全标准化、应急处理与信息通报、等级保护、落实风险管理过程、灾难备份与恢复等。

云计算系统本质上也属于信息安全系统，所以这个安全保障模型对云计算系统安全保障体系的构建也是有重要参考意义的，下面将重点对云计算涉及的安全标准、等级保护、风险评估、安全技术等内容进行介绍。

## 2.2　云计算安全标准和规范

### 2.2.1　云计算安全标准

标准化是政府进行宏观管理的重要依据，同时也是保护国家利益、促进产业发展的重要手段之一，是云计算产品和系统在设计、研发、生产、建设、使用、测评中的一致性、可靠性、可控性、先进性和符合性的技术规范与依据。目前各国都很重视标准化的工作。

在针对云计算安全问题的解决思路中，业界一直认为云计算安全标准体系的建设、研究和制定是至关重要的。云计算安全标准是度量云用户安全目标和云服务商安全服务能力的重要尺度。

**1．我国云计算安全标准研究状况**

国内在云计算安全领域研究比较有代表性的组织有中国通信标准化协会（CCSA）、工业和信息化部信息技术服务工作组（ITSS）、全国信息安全标准化技术委员会（以下简称"信安标委"，编号为 TC260）。

信安标委于 2002 年 4 月在北京成立，建立了信息安全标准体系框架，制定了一系列的国家标准及行业标准，推动和完善了我国信息安全标准化工作。信安标委成立了多个云计算安全标准研究课题，并组织协调政府机构、科研院所、企业等开展云计算安全的标准化研究工作。2012 年 9 月 20 日，信安标委牵头成立了全国信安标委云计算标准工作组，全称为"全国信息安全标准化技术委员会云计算标准工作组"，负责对云计算领域的基础、技术、产品、测评、服务、安全、系统和装备等国家标准的制定和修订工作。

目前，我国已经形成了云计算基础标准，并对云计算软件产品提出了一系列的标准，如虚拟化格式规范等。在系统设备方面，我国在云数据中心、参考架构、资源利用等领域已经形成了国家标准；在服务方面，我国提出了云服务标准计划，已经有系列标准出台，如 PaaS 参考架构等；在安全方面，已经有云服务安全能力要求、云计算服务安全指南、云计算安全参考架构等国家标准。

信息安全技术、云计算服务、云计算安全等涉及的国内标准（部分）如表 2-1 所示。截至 2018 年 1 月 1 日，信息安全国家标准有近 300 项，其中云计算相关标准有 18 项。

**表 2-1　部分信息安全标准**

| 序号 | 标准编号 | 标准名称 | 发布日期 | 实施日期 |
|---|---|---|---|---|
| 1 | GB 17859—1999 | 《计算机信息系统 安全保护等级划分准则》 | 1999.09.13 | 2001.01.01 |
| 2 | GB/T 20274.1—2006 | 《信息安全技术 信息系统安全保障评估框架 第 1 部分：简介和一般模型》 | 2006.05.31 | 2006.12.01 |
| 3 | GB/Z 29830.1—2013 | 《信息技术 安全技术 信息技术安全保障框架 第 1 部分：综述和框架》 | 2013.11.12 | 2014.02.01 |
| 4 | GB/Z 29830.2—2013 | 《信息技术 安全技术 信息技术安全保障框架 第 2 部分：保障方法》 | 2013.11.12 | 2014.02.01 |
| 5 | GB/T 31495.1—2015 | 《信息安全技术 信息安全保障指标体系及评价方法 第 1 部分：概念和模型》 | 2015.05.15 | 2016.01.01 |
| 6 | GB 50174—1993 | 《电子计算机机房设计规范》 | 1993.02.17 | 1993.09.01 |
| 7 | GB/T 20984—2007 | 《信息安全技术 信息安全风险评估规范》 | 2007.06.14 | 2007.11.01 |
| 8 | GB/T 33132—2016 | 《信息安全技术 信息安全风险处理实施指南》 | 2016.10.13 | 2017.05.01 |
| 9 | GB/T 20278—2013 | 《信息安全技术 网络脆弱性扫描产品安全技术要求》 | 2013.12.31 | 2014.07.15 |
| 10 | GB/T 22239—2008 | 《信息安全技术 信息系统安全等级保护基本要求》 | 2008.06.19 | 2008.11.01 |
| 11 | GB/T 22240—2008 | 《信息安全技术 信息系统安全等级保护定级指南》 | 2008.06.19 | 2008.11.01 |
| 12 | GB/T 25058—2010 | 《信息安全技术 信息系统安全等级保护实施指南》 | 2010.09.02 | 2011.02.01 |

| 序号 | 标准编号 | 标准名称 | 发布日期 | 实施日期 |
|---|---|---|---|---|
| 13 | GB/T 32399—2015 | 《信息技术 云计算参考架构》 | 2015.12.31 | 2017.01.01 |
| 14 | GB/T 32400—2015 | 《信息技术 云计算概览与词汇》 | 2015.12.31 | 2017.01.01 |
| 15 | GB/T 31168—2014 | 《信息安全技术 云计算服务安全能力要求》 | 2014.09.03 | 2015.04.01 |
| 16 | GB/T 31167—2014 | 《信息安全技术 云计算服务安全指南》 | 2014.09.03 | 2015.04.01 |
| 17 | GB/T 34942—2017 | 《信息安全技术 云计算服务安全能力评估方法》 | 2017.11.01 | 2018.05.01 |
| 18 | GB/T 34982—2017 | 《云计算数据中心基本要求》 | 2017.11.01 | 2018.05.01 |
| 19 | GB/T 35279—2017 | 《信息安全技术 云计算安全参考架构》 | 2017.12.29 | 2018.07.01 |
| 20 | GB/T 35293—2017 | 《信息技术 云计算虚拟机管理通用要求》 | 2017.12.29 | 2018.07.01 |
| 21 | GB/T 35301—2017 | 《信息技术 云计算平台即服务（PaaS）参考架构》 | 2017.12.29 | 2017.12.29 |
| 22 | GA/T 1390.2—2017 | 《信息安全技术 网络安全等级保护基本要求 第2部分：云计算安全扩展要求》 | 2017.05.08 | 2017.05.08 |

其中，《云计算服务安全指南》主要为政府部门及重点行业使用云计算服务提供管理指导，从使用者角度提出了安全指南；《云计算服务安全能力要求》从服务提供者角度提出了能力要求；《云计算服务安全能力评估方法》提出对服务提供商安全服务能力评估的具体方法；《云计算安全参考架构》从三种服务模式和五类角色角度出发，提出了云计算安全参考架构；《网络安全等级保护基本要求 第2部分：云计算安全扩展要求》行业标准提出了网络安全等测评在云计算系统上的安全扩展要求。

**2. 国外云计算安全标准研究状况**

**（1）ISO/IEC JTC1/SC27 标准化组织**

国际标准化组织 ISO 下设的国际电工委员会（IEC），信息安全分技术委员会 SC27 于2010年10月启动了研究项目《云计算安全和隐私》，由 WG1/WG4/WG5 三个工作组联合开展。目前，SC27 已基本确定了云计算安全和隐私的概念架构，明确了 SC27 关于云计算安全和隐私标准研制的三个领域：信息安全管理、安全技术、身份管理和隐私技术。

**（2）ITU-T**

国际电信联盟电信标准分局 ITU-T 于2010年6月成立了云计算焦点组 FG Cloud，致力于从电信角度为云计算提供支持。云计算焦点组发布了包含《云安全》《云计算标准制定组织综述》在内的七份技术报告。

**（3）CSA**

云安全联盟（Cloud Security Alliance，CSA）致力于在云计算环境下提供最佳的安全方案，迄今已发布了一系列研究报告，对业界有着积极的影响。这些报告从技术、操作、数据等多方面强调了云计算安全的重要性、保证安全性应当考虑的问题及相应的解决方案，在云计算安全行业规范的建设中具有重要影响。其中，《云计算关键领域安全指南》（以下简称《指南》）最为业界所熟知。CSA 于2017年7月28日发布了《指南（第四版）》，虽然还是从架构、治理和运行三个方面14个领域对云计算安全进行指导，但是在结构和内容上进行了非常大的更新改动。《指南（第四版）》去掉了互操作性与可移植性、数据中心运行等内容，同时还与时俱进地增加了基础设施安全，以及与云计算相关的新技术，如大数据、物联网、移动互联等安全方面的指导内容，对云、安全性和支持技术等方面提供更加翔实的最佳实践指导。另外，CSA 开展的云安全威胁、云安全控制矩阵、云安全度量等研究项目在业界也得到了支持。2011 年 4 月，CSA 宣布与 ISO 及 IEC 一起合作进行云安全标准的开发。

（4）NIST

为了落实和配合美国联邦云计算计划，美国国家标准与技术研究院（NIST）牵头制定云计算标准和指南，加快联邦政府安全使用云计算的进程。NIST 在进行云计算及安全标准的研制过程中，定位于为美国联邦政府安全高效使用云计算提供标准支撑服务。迄今为止，NIST 成立了五个云计算工作组，由其提出的云计算定义、三种服务模式、四种部署模型、五大基础特征被认为是描述云计算的基础性参照。NIST 云计算工作组包括：云计算参考架构和分类工作组、云计算应用的标准推进工作组、云计算安全工作组、云计算标准路线图工作组、云计算业务用例工作组。

（5）ENISA

2009 年，欧盟网络与信息安全局（European Network and Information Security Agency，ENISA）就启动了云计算的相关研究工作，先后发布了《云计算：优势、风险及信息安全建议》《云计算信息安全保障框架》《政府云的安全和弹性》《云计算合同安全服务水平监测指南》等。

## 2.2.2　云计算安全参考架构

中国国家标准化委员会在 2017 年 12 月 29 日发布了推荐标准，《信息安全技术　云计算安全参考架构》（GB/T 35279—2017）于 2018 年 7 月 1 日实施。标准中定义的云计算安全参考架构如图 2-2 所示。云计算安全参考架构基于云计算的特性、三种服务模式（IaaS、PaaS、SaaS）与五类角色（云服务客户、云服务商、云代理者、云审计者、云基础网络运营者）建立，对各类角色的功能定位、管理要求、硬/软件资源，以及功能和服务交叉内容等，做了图文可视化描述，各角色的相关组件描述如下。

（1）云服务客户：包括安全云服务管理和安全云服务协同。其中安全云服务管理包含云资源使用过程中涉及的组织支持、业务支持、可移植性与互操作性、服务提供与配置等子组件；安全云服务协同涉及 IaaS、PaaS、SaaS 等安全功能层在使用过程中与云服务商、云代理者的交互与协同。

（2）云服务商：包括主服务商和中介服务商两类。主服务商需提供安全物理资源层和安全资源抽象与控制层等基础资源、安全云服务协同和安全云服务管理，而中介服务商只需提供安全云服务协同和安全云服务管理。

安全云服务协同就是云服务商在提供 IaaS、PaaS、SaaS 等服务过程中，与云代理商、云服务客户之间的交互与沟通；安全云服务管理是在提供资源的同时附带的云安全管理内容，主要包括安全业务支持、安全供应与配置、安全可移植性与互操作性。

（3）云代理者：包括技术代理者和业务代理者两种类型。技术代理者主要提供 PaaS、SaaS 层安全服务，安全云服务协同，以及部分安全云服务管理；不同的业务代理者可能提供安全服务中介或安全服务仲裁，提供安全服务中介的业务代理也会参与部分安全云服务管理,如安全业务支持、安全供应与配置、安全可移植性与互操作性等。

(4)云审计者:提供安全审计环境,包括安全审计、隐私影响审计和性能审计等。

(5)云基础网络运营者:提供安全传输支持。

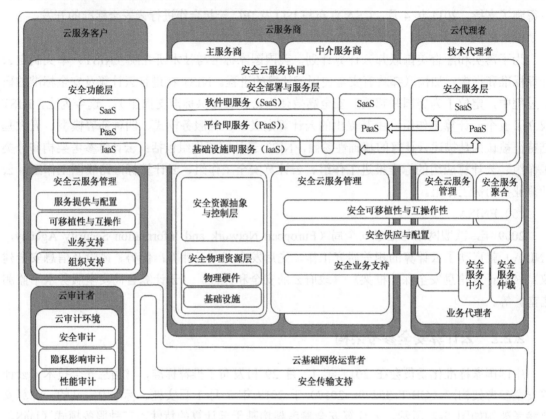

图 2-2　云计算安全参考架构

### 2.2.3　云计算关键领域安全指南

2009 年 4 月,云安全联盟(Cloud Security Alliance,CSA)在美国旧金山 RSA 大会上正式启动,它是一个非营利性组织,云安全联盟的目的是促进应用最佳实践为云计算提供安全保障。CSA 发布的《云计算关键领域安全指南 4.0》(*Security Guidance for Critical Areas of Focus in Cloud Computing V4.0*),从架构(Architectures)、治理(Governance)和运行(Operations)三个方面 14 个领域对云计算安全进行指导,其中治理和运行涵盖的 13 个领域着重介绍了云计算安全的关注领域,以解决云计算环境中战略和战术安全的"痛点"(Pain Points),从而可应用于各种云服务和部署模式的组合,如表 2-2 所示。

CSA 通过对云计算安全的若干安全问题特别是 13 个痛点进行重点阐述,给出每一个关键域相应的安全控制实施建议,可以使用户对云计算安全有更为清晰的认识,更好地了解云计算安全需要解决的问题及措施建议,避免潜在的威胁。但是,并不是已有的安全技术就能成为云计算环境的安全解决方案,需要针对这些安全领域研究安全技术面临的需求、规模、性能等方面的新问题,如虚拟机安全、取证与安全审计等,才能合理有效地部署安全措施、保障云计算的安全。

表 2-2　云计算关键领域安全指南

| D1：云计算概念和体系架构 | |
|---|---|
| 治 理 域 | 运 行 域 |
| D2：治理和企业风险管理 | D6：管理平面和业务连续性 |
| D3：法律与电子证据 | D7：基础设施安全 |
| D4：合规性和审计管理 | D8：虚拟化及容器技术 |
| D5：信息治理 | D9：事件响应、通告和补救 |
| | D10：应用安全 |
| | D11：数据安全和加密 |
| | D12：身份、授权和访问管理 |
| | D13：安全即服务 |
| | D14：相关技术 |

## 2.3　云计算安全等级保护

信息安全等级保护是保障信息安全与信息化建设相协调的重要手段，重点保障基础信息网络和关系国家安全、经济命脉、社会稳定等方面的重要信息系统的安全。在经历了制定准则、规范和标准、强化制度、基础调研、组织试点、快速推进的历程后，等级保护制度已经在全国各地贯彻执行，有力保障了信息系统的安全。

无论云计算怎样发展，终究是信息系统，具有信息系统的特点，因此完全可以按照等级保护的制度要求来进行保护和建设。中国工程院院士沈昌祥提出，"云计算是计算系统，本质没有变，只不过一些模式发生了变化，但也需要技术和管理两个方面来解决问题。首先通过 2010 年发布的《信息安全技术 信息系统等级保护安全设计技术要求》（GB/T 25070—2010）以保护云计算系统的框架，其次按照《计算机信息系统 安全保护等级划分准则》（GB/T 17859—1999）评估规则对信息流程处理加强控制管理。通过等级保护建立信息系统运行的安全环境"。可见，在云计算信息系统发展和普及的过程中，以等级保护评估体系作为安全指导同样符合中国信息化发展的实际需求。云计算相比于传统计算，由于服务特征的改变，带来了多种安全风险和安全威胁。按照等级保护基本要求针对威胁提出对应保护能力的思路，必然要对现有信息系统等级保护内容进行扩充。目前《信息安全技术 网络安全等级保护基本要求 第 2 部分：云计算安全扩展要求》（GA/T 1390.2—2017）作为行业标准已在 2017 年开始实行，据悉，即将上升为国家标准，指导云计算安全等级保护测评工作。

### 2.3.1　等级保护实施流程

目前等级保护实施过程的基本流程如图 2-3 所示。

图 2-3　等级保护实施流程

等级保护工作是个系统工程，系统运营者需要：①通过系统调查进行自主定级；②制定定级报告进行专家评审；③上报主管部门备案（各级党政机关系统在该级信息办备案，涉密系统报同级国家保密工作部门备案，其他系统报公安机关备案）；④进行系统评估（可自评或请第三方评估机构测评）和整改建设；⑤开展周期性等级测评（三级每年开展一次，四级至少每半年开展一次）；⑥进行自查、整改或接受主管部门监督，如有违规、违法情况将依法进行处理。

下面对等级保护过程中涉及的基本原则（简称等保原则）、定级方法、测评过程进行介绍。

### 1. 基本原则

信息系统安全等级保护的核心是对信息系统分等级、按标准进行建设、管理和监督，它在实施过程中应遵循以下基本原则。

（1）自主保护原则

信息系统运营、使用单位及其主管部门按照国家相关法规和标准，自主确定信息系统的安全保护等级，自行组织实施安全保护。

（2）重点保护原则

根据信息系统的重要程度、业务特点，通过划分不同安全保护等级的信息系统，实现不同强度的安全保护，集中资源优先保护涉及核心业务或关键资产的信息系统。

（3）同步建设原则

信息系统在新建、改建、扩建时应当同步规划和设计安全方案，投入一定比例的资金建设信息安全设施，保障信息安全与信息化建设相适应。

（4）动态调整原则

要跟踪信息系统的变化情况，调整安全保护措施。由于信息系统的应用类型、范围等条件的变化及其他原因，安全保护等级需要变更的，应当根据等级保护的管理规范和技术标准的要求，重新确定信息系统的安全保护等级，根据信息系统安全保护等级的调整情况，重新实施安全保护。

### 2. 定级方法

《信息安全技术 信息系统安全等级保护基本要求》（GB/T 22239—2008）将信息系统作为保护对象，按照其重要程度分为五个保护级别，信息系统的重要程度又是由两个定级要素、三类侵害客体、三种侵害程度决定的。

（1）两个定级要素

信息系统的安全保护等级由两个定级要素决定：等级保护对象受到破坏时所侵害的客体和对客体造成侵害的程度。

（2）三类侵害客体

等级保护对象受到破坏时所侵害的客体包括以下三个方面：公民、法人和其他组织的合法权益；社会秩序、公共利益；国家安全。

（3）三种侵害程度

对客体的侵害程度由客观方面的不同外在表现综合决定。由于对客体的侵害是通过对等级保护对象的破坏实现的，因此，对客体的侵害外在表现为对等级保护对象的破坏，通过危害方式、危害后果和危害程度加以描述。

等级保护对象受到破坏后对客体造成侵害的程度归结为以下三种：一般损害、严重损害和特别严重损害。

（4）五级安全保护等级

根据等级保护相关管理文件，信息系统的安全保护等级分为以下五级：

第一级，信息系统受到破坏后，会对公民、法人和其他组织的合法权益造成损害，但不损害国家安全、社会秩序和公共利益；

第二级，信息系统受到破坏后，会对公民、法人和其他组织的合法权益产生严重损害，或者对社会秩序和公共利益造成损害，但不损害国家安全；

第三级，信息系统受到破坏后，会对社会秩序和公共利益造成严重损害，或者对国家安全造成损害；

第四级，信息系统受到破坏后，会对社会秩序和公共利益造成特别严重损害，或者对国家安全造成严重损害；

第五级，信息系统受到破坏后，会对国家安全造成特别严重损害。

定级要素与信息系统安全保护等级的关系如表 2-3 所示。

表 2-3　定级要素与安全保护等级的关系

| 受侵害的客体 | 对客体的侵害程度 | | |
| --- | --- | --- | --- |
| | 一般损害 | 严重损害 | 特别严重损害 |
| 公民、法人和其他组织的合法权益 | 第一级 | 第二级 | 第二级 |
| 社会秩序、公共利益 | 第二级 | 第三级 | 第四级 |
| 国家安全 | 第三级 | 第四级 | 第五级 |

### 3. 测评过程

安全等级保护测评工作由国家信息安全等级保护工作协调小组办公室推荐的测评机构展开。测评过程一般包含测评准备、方案编制、现场测评、分析与报告编制四个步骤，具体如表 2-4 所示。

表 2-4　等级测评过程

| 测 评 过 程 | 具 体 内 容 |
| --- | --- |
| 测评准备 | 测评机构启动测评项目，组建测评项目组；通过收集和分析被测系统的相关资料信息，掌握被测系统的大体情况；准备测评工具和表单等测评所需的相关资料，为编制测评方案打下良好的基础 |
| 方案编制 | 测评机构确定测评对象和测评指标，选择测试工具接入点，从而进一步确定测评实施内容，并从已有的测评实施手册中选择本次需要用到的相关内容，没有测评实施手册的应开发相应的测评实施手册，最后根据上述情况编制测评方案 |
| 现场测评 | 测评机构首先应与测评委托单位就测评方案达成一致意见，并进一步确定测评配合人员，商定测评时间、地点等细节，开展现场测评，完成测评实施手册各项测评内容，获取足够的测评证据 |
| 分析与报告编制 | 测评人员通过分析现场获得的测评证据和资料，判定单项测评结果及单元测评结果，进行整体测评和风险分析，形成等级测评结论，并编制测评报告 |

为实现和验证信息系统各级保护能力，等级保护基本要求借鉴国际主流信息安全标准，并结合国内信息安全管理的实际情况，提出了技术与管理两个方面的具体措施，贯彻"技管并重"的保护策略。技术上要求有物理安全、网络安全、主机安全、应用安全、数据安全及

备份恢复五个方面，管理上要求有安全制度管理、安全机构管理、人员安全管理、系统建设管理和系统运维管理五个方面，共十大类的安全措施。每类安全措施下定义有关键的控制点及子项，作为等级保护的具体要求，如图 2-4 所示。

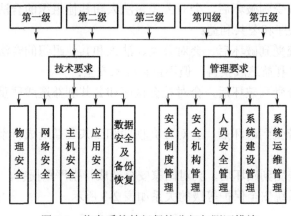

图 2-4　信息系统等级保护分级与测评措施

### 2.3.2　云计算安全测评

云计算安全等级保护工作建立在传统信息系统安全等级保护工作的基础上，所以前面介绍的等保原则、定级方法、测评过程都可以应用在云计算系统等级保护工作中。但云计算平台自身也有其特殊性，如服务模式不同、资源动态分配、涉及其他云服务商等，都会给传统等级保护定级和测评工作带来挑战。

**1. 定级对象**

针对云计算平台开展等级测评工作首先需要明确定级对象。《信息安全技术 信息系统安全等级保护定级指南》（GB/T22240—2008，以下简称《定级指南》）中明确表明作为定级对象的信息系统应具有唯一确定的安全责任单位，承载单一或相对独立的业务应用。云计算环境下，信息系统业务涉及双方甚至多方安全主体，所以针对云计算平台的特殊性，应采用"双向"定级，其具体方法如下。

（1）云服务商负责确定云平台的安全保护能力等级。云平台服务商根据自身的安全建设能力、安全服务能力及安全控制措施实现情况，委托独立的第三方测评机构开展并通过等级测评，确定提供的服务模式及云平台安全级别，该级别为安全保护能力等级。

（2）用户根据数据和业务的重要程度，参照《定级指南》明确业务系统安全级别，该级别为业务系统的重要性安全等级。

原则上，云服务商不能向高于云平台安全保护能力等级的业务系统提供服务，反之，用户不应该选择低于自身业务系统安全级别的云平台承载业务或处理数据。

涉及多方参与的情况（如混合云等），在进行等级测评时，需要多方进行沟通协调，共同配合完成登记测评工作。

**2. 云安全测评指标**

我国的信息系统等级保护体系分为技术与管理两个方面，发展较为成熟，规范较全面，对云计算有较好的适用性，目前信息系统的测评工作依据《信息安全技术 信息系统安全等级保护基本要求》（GB/T 22239—2008）展开。但由于云计算安全评估涉及面很广，不确定因素很多，使得技术和管理的评估指标较之传统信息系统有所不同，《信息安全技术 网络安全等级保护基本要求 第 2 部分：云计算安全扩展要求》（GA/T 1390.2—2017）针对云计算安全等级保护测评提出了安全扩展要求，安全扩展要求的内容如表 2-5 所示。

表中"新增测评指标"是指原有测评指标中没有此项而新增的测评指标，每个新增测评指标都有多项具体指标，这里不一一列举。如"镜像和快照保护"测评项下面，有三项具体指标：①提供虚拟机镜像、快照完整性校验功能，防止虚拟机镜像被恶意篡改；②采取加密或其他技术手段防止虚拟机镜像、快照中可能存在的敏感资源被非法访问；③针对重要业务系统提供加固的操作系统镜像。

表中"新增测评内容"是指原有测评指标新增加了具体测评内容。如物理安全层面中"物理位置的选择"指标项添加了"应确保云计算基础设施位于中国境内"的内容；系统运维管理层面中"环境管理"指标项添加了"云计算平台的运维地点应位于中国境内，禁止从境外对境内云计算平台实施远程运维"的内容。

**表 2-5　云计算安全测评指标扩展情况**

| 测评层面划分 | | 原有测评指标 | 新增测评指标 | 新增测评内容 |
|---|---|---|---|---|
| 技术方面 | 物理安全 | 物理位置的选择、物理访问控制、防盗窃和防破坏、防雷击、防火、防水和防潮、防静电、温湿度控制、电力供应、电磁防护 | | 物理位置的选择 |
| | 网络安全 | 结构安全、访问控制、安全审计、剩余信息保护、边界完整性检查、入侵防范、恶意代码防范、网络设备防护 | 网络架构 | 访问控制、入侵防范、安全审计 |
| | 主机安全 | 身份鉴别、安全标记、访问控制、安全审计、可信路径、剩余信息保护、入侵防范、恶意代码防范、资源控制 | 镜像和快照保护 | 身份鉴别、访问控制、安全审计、入侵防范、恶意代码防范、资源控制 |
| | 应用安全 | 身份鉴别、安全标记、访问控制、安全审计、可信路径、剩余信息保护、通信完整性、通信保密性、抗抵赖、软件容错、资源控制 | 接口安全 | 安全审计、资源控制 |
| | 数据安全及备份恢复 | 数据完整性、数据保密性、备份和恢复 | 剩余信息保护 | 数据完整性、数据保密性、数据备份恢复 |
| 管理方面 | 安全制度管理 | 管理制度、制定和发布、评审和修订 | | |
| | 安全机构管理 | 岗位设置、人员配备、授权和审批、沟通和合作、审核和检查 | | 授权 |
| | 人员安全管理 | 人员录用、人员离岗、人员考核、安全意识教育和培训、外部人员访问管理 | | 人员录用 |
| | 系统建设管理 | 系统定级、安全方案设计、产品采购和使用、自行软件开发、外包软件开发、工程实施、测试验收、系统交付、系统备案、等级测评、安全服务商选择 | 云服务商选择、供应链管理 | 安全方案设计、测试验收 |
| | 系统运维管理 | 环境管理、资产管理、介质管理、设备管理、监控管理和安全管理中心、网络安全管理、系统安全管理、恶意代码防范管理、密码管理、变更管理、备份与恢复管理、安全事件处理、应急预案管理 | 配置管理、监控和审计管理 | 环境管理 |

## 2.4 云计算安全风险评估

### 2.4.1 风险评估的相关概念

风险评估是针对事物潜在影响正常执行其职能的行为产生干扰或者破坏的因素进行识别、评价的过程，是风险管理的重要内容。

风险评估是信息安全建设的起点和基础，倡导适度安全。从 2006 年起，国家每年都组织风险评估专控队伍对全国基础信息网络和重要信息系统进行检查。

风险评估的相关要素包括：资产、威胁、脆弱性、安全风险、安全措施、残余风险等。《信息安全技术 信息安全风险评估规范》（GB/T 20984—2007）给出信息安全风险分析思路，如图 2-5 所示。

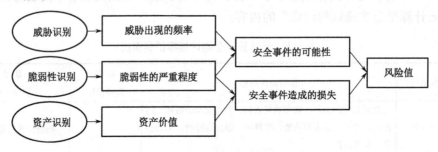

图 2-5 风险分析过程

风险评估的具体过程涉及自评估与检查评估两种方式，定量分析和定性分析等方法，这里不做详细描述，只对照（见图 2-5）解释资产、威胁、脆弱性、风险等概念及其联系。

（1）资产

资产是对组织具有价值的信息或资源，是安全策略保护的对象。资产价值不是以资产的经济价值来衡量，而是由资产在 CIA 三个安全属性上的达成程度或者其安全属性未达成时所造成的影响程度来决定的。资产价值决定当风险发生时的损失程度。

（2）威胁

威胁是可能导致对系统或组织产生危害的潜在起因，威胁可以通过威胁主体、资源、动机、途径等多种属性来描述，是引起风险的外因。

造成威胁的因素分人为因素和环境因素两种，根据威胁的动机，人为因素又可分为恶意和非恶意两种；环境因素包括自然界不可抗的因素和其他物理因素。

威胁作为潜在因素出现的频率，决定事件发生的可能性。

（3）脆弱性

脆弱性是可能被威胁所利用的资产或若干资产的薄弱环节，对信息系统而言通常是系统漏洞、网络漏洞、管理漏洞等，是引起风险的内因。

脆弱性是资产本身存在的，如果没有被相应的威胁利用，单纯的脆弱性本身不会对资产造成损害。反过来，威胁总是要利用资产的脆弱性才可能造成危害，也就是说如果没有脆弱性就不会造成危害。

脆弱性和威胁出现的频率决定安全事件发生的可能性；脆弱性和资产价值决定安全事件造成的损失。

（4）风险

人为或自然的威胁利用信息系统和管理体系中存在的脆弱性，导致安全事件的发生及其对组织造成的影响。信息安全风险只考虑那些对组织有负面影响的事件。

安全事件发生的可能性与安全事件造成的损失，两者共同决定风险值的大小。

由上可知，风险和威胁是不同的概念，威胁是带来风险的外因，风险是指综合内/外因作用在一定概率下产生损失的大小。大部分系统的脆弱性（漏洞等内因）都是在建设过程中不断发现、修补完善的，而威胁（环境和人为因素等外因）成为影响安全事件发生的决定性因素。

## 2.4.2 云计算面临的安全威胁

### 1. 数据丢失、篡改或泄露

在云计算环境下，数据的实际存储位置可能在境外，易造成数据泄露。

云计算系统聚集了大量云租户的应用系统和数据资源，容易成为被攻击的目标。一旦遭受攻击，会导致严重的数据丢失、篡改或泄露。

### 2. 网络攻击

云计算基于网络提供服务，应用系统都放置于云端。一旦攻击者获取到用户的身份验证信息，假冒合法用户，那么用户的云中数据将面临被窃取、篡改等威胁。

DDoS 攻击也是云计算环境最主要的安全威胁之一，攻击者发起一些关键性操作来消耗大量的系统资源，如进程、内存、硬盘空间、网络带宽等，导致云服务反应变得极为缓慢或者完全没有响应。

### 3. 利用不安全接口的攻击

攻击者利用非法获取的接口访问密钥，能够直接访问用户数据，导致敏感数据泄露；通过接口实施注入攻击，进行篡改或者破坏用户数据；通过接口的漏洞，攻击者可绕过虚拟机监视器的安全控制机制，获取到系统管理权限，将给云租户带来无法估计的损失。

### 4. 云服务中断

云服务基于网络提供服务，当云租户把应用系统迁移到云计算平台后，一旦与云计算平台的网络连接中断或者云计算平台出现故障，造成服务中断，将影响到云租户应用系统的正常运行。

### 5. 越权、滥用与误操作

云租户的应用系统和业务数据处于云计算环境中，云计算平台的运营管理和运维管理归属于云服务方，运营管理和运维管理等人员的恶意破坏或误操作在一定程度上会造成云租户应用系统的运行中断和数据丢失、篡改或泄露。

### 6. 滥用云服务

面向公众提供的云服务可向任何人提供计算资源，如果管控不严格，不考虑使用者的目的，很可能被攻击者利用，如通过租用计算资源发动拒绝服务攻击。

### 7．利用共享技术漏洞进行的攻击

由于云服务是多租户共享，如果云租户之间的隔离措施失效，一个云租户有可能侵入另一个云租户的环境，或者干扰其他云租户应用系统的运行。而且，很有可能出现专门从事攻击活动的人员绕过隔离措施，干扰、破坏其他云租户应用系统的正常运行。

### 8．过度依赖

由于缺乏统一的标准和接口，不同云计算平台上的云租户数据和应用系统难以相互迁移，同样也难以从云计算平台迁移回云租户的数据中心。另外，云服务商出于自身利益考虑，往往不愿意为云租户的数据和应用系统提供可移植能力。这种对特定云服务商的过度依赖可能导致云租户的应用系统随云服务商的干扰或停止服务而受到影响，也可能导致数据和应用系统迁移到其他云服务商的代价过高。

### 9．数据残留

云租户的大量数据存放在云计算平台上的存储空间中，如果存储空间回收后剩余信息没有完全清除，存储空间再分配给其他云租户使用容易造成数据泄露。

当云租户退出云服务时，由于云服务商没有完全删除云租户的数据，包括备份数据等，将带来数据安全风险。

## 2.4.3　云计算系统脆弱性扫描

脆弱性是引起风险的内因，威胁总是要利用资产的脆弱性才可能造成危害，如果没有脆弱性就基本不会造成危害。所以对脆弱性进行扫描、发现、分析、解决，是降低系统风险的有效途径。

脆弱性扫描是风险评估的基础，其原理是根据已知的安全漏洞知识库，使用扫描工具模拟黑客真实的攻击步骤，通过网络对目标可能存在的安全隐患进行逐项检查，扫描目标包括服务器、交换机、路由器、数据库等各种网络对象和应用服务对象。通过脆弱性扫描及时发现当前主机、网络设备中存在的漏洞，检测和发现网络系统中的薄弱环节，根据扫描结果向系统管理员提供周密可靠的扫描分析报告，并提供安全漏洞修补建议。

脆弱性扫描产品有硬件和软件两种，一般都集成了良好的人机交互界面，进行简单操作即可开启网络扫描，扫描结果会自动生成扫描报告和修补建议。一些产品甚至提供自动修补选项。市场上有多款脆弱性扫描产品，一般都遵循《信息安全技术　网络脆弱性扫描产品安全技术要求》（GB/T 20278—2013）提出的技术要求。典型的有天融信脆弱性扫描与管理系统、启明星辰天镜脆弱性扫描与管理系统等。软件产品有开源的，也有非开源的，典型的有Nessus、Acunetix WVS等。

### 1．启明星辰天镜脆弱性扫描与管理系统

启明星辰天镜脆弱性扫描与管理系统是启明星辰自主研发的基于网络的脆弱性分析、评估和综合管理系统，能够快速发现网络资产，准确识别资产属性、全面扫描安全漏洞，清晰定性安全风险，给出修复建议和预防措施，并对风险控制策略进行有效审核，从而在弱点全面评估的基础上实现安全自主掌控。该系统还支持扩展无线安全模块，可实时发现所覆盖区域内的无线设备、终端和信号分布情况，协助管理员识别非法无线设备、终端，帮助涉密单位发现无线信号，并可以进一步发现对无线设备不安全配置所存在的无线安全隐患，提供有

线、无线网络脆弱性分析整体解决方案。

### 2．天融信脆弱性扫描与管理系统

天融信脆弱性扫描与管理系统（Topscanner）是北京天融信公司推出的包括应用检测、漏洞扫描、弱点识别、风险分析、综合评估的脆弱性扫描与管理评估产品。Topscanner 不但可以分析和指出有关网络的安全漏洞及被测系统的薄弱环节，给出详细的检测报告，还可以针对检测到的网络安全隐患给出相应的修补措施和安全建议。

Topscanner 采用标准的机架式独立硬件设计、B/S 设计架构、旁路方式接入网络，支持以独立或以分布方式灵活部署在客户的网络内。分布式部署支持两级和两级以上的分布式、分层部署，并能够同时管理。

### 3．Nessus

全世界有超过 75 000 个机构使用 Nessus 作为扫描计算机系统的软件。

1998 年，Nessus 的创办人 Renaud Deraison 展开了一项名为"Nessus"的计划，其计划目的是希望能为因特网社群提供一个免费、威力强大、更新频繁并简易使用的远端系统安全扫描程序。经过了数年的发展，包括 CERT 与 SANS 等著名的网络安全相关机构皆认同此工具软件的功能与可用性。2002 年 Renaud 与 Ron Gula、Jack Huffard 创办了一个名为 Tenable Network Security 的机构。在第三版的 Nessus 发布之时，该机构收回了 Nessus 的版权与程序源代码 （原本为开放源代码），并注册了该机构的网站 https://www.tenable.com。

Nessus 提供完整的计算机漏洞扫描服务，并随时更新其漏洞数据库。不同于传统的漏洞扫描软件，Nessus 可同时在本机或远端上遥控，进行系统的漏洞分析扫描。其运作效能可随着系统的资源而自行调整。如果将主机加入更多的资源（如加快 CPU 速度或增加内存大小）其效率可进一步提高。Nessus 目前支持多种操作系统平台，同时采用客户/服务器体系结构使用户可以通过网页进行远程访问，Nessus 可提供 7 天的免费试用。

### 4．Acunetix WVS

Acunetix Web Vulnerability Scanner 是一款商业的 Web 漏洞扫描程序，它可以检查 Web 应用程序中的漏洞，如 SQL 注入、跨站脚本攻击、身份验证的弱口令长度等。它拥有一个操作方便的图形用户界面，并且能够创建专业级的 Web 站点安全审核报告。WVS 可以自动地进行版本检查、CGI 测试、参数操纵、多请求参数操纵、文件检查、目录检查、Web 应用程序检查、文本搜索、GHDB Google 攻击数据库、Web 服务等检测。使用该软件所提供的手动工具，还可以执行其他的漏洞测试，包括输入合法检查、验证攻击、缓冲区溢出等。Acunetix 是全球排名前三位的漏洞厂商，同类产品包括 Nessus、Qualys，这两款产品属于美国知名的漏洞扫描软件厂商。Acunetix 是马耳他知名的漏洞扫描软件厂商，Acunetix WVS 可提供 14 天的免费试用。

## 2.4.4 云计算安全风险分析

### 1．云计算法律风险

（1）数据跨境

云计算服务具有应用地域广、信息流动性大等特点，信息服务或用户数据因分布在不同地区甚至不同国家，可能导致组织（如政府）信息安全监管等方面的法律差异与纠纷。

云计算数据管理中，还可能存在违法国家安全规定要求跨境存储或传输敏感数据等问题。

（2）违规云服务

云计算系统服务商或云用户有可能违规使用云平台，如在云计算系统设置不良信息网站或存储不良信息等。

（3）隐私保护

云计算系统服务商可能未经过用户许可，收集、处理云用户保存的个人信息；或因未能采取有效的安全措施保护用户个人信息，导致其信息泄露。

（4）取证困难

云计算的多租户、虚拟化等特点使用户间的物理界限模糊，可能导致司法取证难等问题。

（5）责任界定风险

传统模式下，按照谁主管谁负责、谁运行谁负责的原则，信息安全责任相对清楚。在云计算模式下，云计算平台的管理和运行主体与数据安全的责任主体不同，相互之间的责任如何界定，缺乏明确的规定。不同的服务模式和部署模式、云计算环境的复杂性也增加了界定云服务商与客户之间责任的难度。云服务商可能还会采购、使用其他云服务商的服务，如果提供 SaaS 服务的云服务商将其服务建立在其他云服务商的 PaaS 或 IaaS 之上，这种情况导致的责任将更加难以界定。

**2. 政策与组织风险**

（1）过度依赖风险（可移植性风险）

用户将数据存放在云计算平台，没有云服务商的配合很难独自将其数据安全迁出。因此，在服务终止或发生纠纷时，云服务商可能以删除或不归还用户数据为要挟，损害用户对数据的所有权与支配权。

此外，云服务商还可以通过收集统计用户的资源消耗、通信流量、缴费等数据，获取用户的大量信息。对这些信息的归属往往没有明确规定，容易引起纠纷。

云计算服务缺乏统一的标准与接口，导致不同云计算平台上的用户数据与业务难以相互迁移，同样也难以从云计算平台迁移回用户的数据中心。同时，云服务商出于自身利益考虑，往往不愿意为用户的数据与业务提供可迁移能力。这种对特定云服务商的潜在依赖，可能导致用户的业务因云服务商的干扰或停止服务而终止，也可能导致数据与业务迁移到其他云服务商的代价过高。

（2）可审查性风险（合规风险）

可审查性风险是指用户无法对云服务商如何存储、处理、传输数据进行审查。虽然云服务商对云服务的安全性提供技术支持，但最终仍是云服务客户对其数据安全负责。因此，云服务商应满足合规性要求，并应进行公正的第三方审查。

云安全策略缺乏或不合规、云安全管理制度缺乏或不合规、云安全管理流程缺乏或不合规、云特权安全控制缺乏或不合规、云基础设施设计和规划缺乏或不合规都有可能导致可审查性风险。

### 3．云计算技术安全风险

（1）数据泄露风险

云用户的终端数据被云服务商收集、泄露，如苹果 Icloud 明星照片泄露事件；因云平台的安全脆弱性导致用户数据泄露，如黑客利用漏洞攻击导致数据泄露；云服务客户能够在任何地点通过网络直接访问云计算平台，多点登录可能导致数据泄露；用户终止云计算服务后的数据残留，仍存在数据泄露风险。

（2）隔离失败风险

在云计算环境中，计算能力、存储与网络在多个用户之间共享。如果不能对不同用户的存储、内存、虚拟机、路由等进行有效隔离，恶意用户就可访问其他用户的数据并进行修改、删除等操作。

（3）应用程序接口（API）滥用风险

云服务中的应用程序接口允许任意数量的交互应用，虽然可以通过管理进行控制，但滥用风险仍然存在。

（4）业务连续性风险

业务连续性风险包括但不限于以下方面。

网络性能。如"宽带不宽"已成为云计算发展的瓶颈。网络攻击事件层出不穷、防不胜防，因此由于网络而造成云服务不可用的情况是云服务商无法控制的终端风险。在海量终端接入云服务的情况下，终端风险会严重威胁到云服务的质量；此外，如果用户在使用云服务时对云服务中某些参数设置不当，也会对云服务的性能造成一定影响。

拒绝服务攻击。由于用户、信息资源的高度集中，云计算平台容易成为黑客攻击的目标，由此拒绝服务造成的后果与破坏性将会明显超过传统的企业网应用环境。

当用户的数据与业务应用于云计算平台时，其业务流程将依赖于云计算服务的连续性，这对 SLA、IT 流程、安全策略、事件处理与分析等都提出了挑战。

另外，软件或系统的脆弱性也将导致业务连续性风险。

（5）基础设施不可控风险

传统模式下，客户的数据和业务系统都位于客户的数据中心，在客户的直接管理和控制下。在云计算环境里，客户要将自己的数据和业务系统迁移到云计算平台上，从而失去了对其的直接控制能力。客户数据和在后续运行过程中生成、获取的数据都处于云服务商的直接控制下，云服务商具有访问、利用或操控客户数据的能力。

将数据和业务系统迁移到云计算平台后，安全性主要依赖于云服务商及其所采取的安全措施。云服务商通常把云计算平台的安全措施及其状态视为知识产权和商业秘密，客户在缺乏必要的知情权时，难以了解和掌握云服务商安全措施的实施情况和运行状态，更难以对这些安全措施进行有效监督和管理，不能有效监管云服务商的内部人员对客户数据的非授权访问和使用，增加了客户数据和业务的风险。

（6）运营风险

云服务商常常先通过硬件提供商和基础软件提供商采购硬件与软件，再采用相关技术构建云计算平台，然后向云服务客户提供云服务。硬件提供商和基础软件提供商都是云服务供应链中不可缺少的参与角色，如果任何一方突然无法继续供应，云服务商又不能立即找到新的供应方，就会导致供应链中断，进而导致相关的云服务故障或终止。

（7）恶意人员风险

大多数情况，任何用户都可以注册使用云计算服务。恶意用户可以搜索并利用云计算服务的安全漏洞，上传恶意攻击代码，非法获取或破坏其他用户的数据和应用。此外，内部工作人员（如云服务商系统管理员与审计员）的失误或恶意攻击更加难以防范，并会导致云计算服务的更大破坏。

## 2.5 云计算安全技术体系

根据云计算的技术特征和服务特点，云计算安全技术需要从四个方面着手，构建纵深防御体系，保障云计算安全。这四个方面是指安全接入、虚拟化、资源共享、应用服务。

### 1. 安全接入

基础设施安全保障是一切工作的基础，而网络安全接入是保障安全开展云计算服务的基础。云服务商首要任务就是快速、高效地部署云计算信息系统的边界防护措施，传统边界防护技术包括防火墙技术、防病毒网关技术、终端防护技术、网闸技术等都可以拿来使用。但要注意以下问题：传统防火墙技术无法有效对抗更隐蔽的攻击行为，如欺骗攻击、木马攻击，对云服务商来说有必要采用防护能力更强的边界防护技术；传统防病毒软件无法对木马、蠕虫、邮件性病毒进行全网整体的防护，构建整体病毒防护体系成为必然；多租户面临海量终端接入，如何防止不安全的在线非法外联、离线非法外联或不安全的接入行为也是云计算系统安全急需解决的问题之一；用户数据在云端上传、下载的传输过程中如何预防数据被非法监听、窃取、篡改等。

### 2. 虚拟化

虚拟化技术在云计算中处于相当重要的位置，虚拟化技术的应用使原有信息系统中存在的边界不复存在，因而虚拟机安全成为牵一发而动全身的关键环节。然而，现阶段虚拟化技术存在的安全缺陷，给虚拟化技术带来了很大的挑战，也给云计算系统的安全带来了很大的风险。主要表现在：虚拟化软件存在一些程序上的缺陷，极易发生虚拟机逃逸攻击；虚拟机中的恶意程序可能绕过控制层，直接获取对宿主机的控制权限；各个虚拟机之间及虚拟机与宿主机之间通常需要通信，为恶意程序在虚拟系统之间的传播提供了可乘之机；同一台物理机上的多个虚拟机可共享宿主机的网络配置，因此传统的与 MAC 或 IP 地址紧密关联的安全策略，在相关实体是虚拟机时效果不佳。

### 3. 资源共享

资源共享是云计算的优势之一，它使大量租户能够共享相同的软/硬件资源，每个租户能够按需使用资源，多个租户可以共用一个应用程序或运算环境而不影响其他租户的使用。

多租户技术中最重要的安全问题就是不同用户之间的数据安全问题，主要体现在：如何保证用户数据存储安全；如何保证数据和应用程序运行环境的隔离；如何防止云服务商和其他用户的非授权访问、恶意篡改、破坏等。

云计算的三种服务模式决定了多租户可以在三个层面实现：数据层面（多个租户共享同一个应用程序实例）、进程层面（多个租户分属同一个运算环境下的不同进程）、系统层面（不同租户分配不同的虚拟机）。无论从哪个层面来实现，提高安全性的同时就会牺牲资源的利用率，如何平衡资源共享的安全性和资源的利用率也是急需解决的问题。

#### 4．应用服务

云应用软件服务的安全性直接影响云用户对云环境的信赖度。主要从三个方面来部署：用户数据安全保护、云应用软件内容安全保护、云应用软件自身的安全保护。

从上述分析可见，使用一种或几种安全机制来保护信息系统安全是不够充分的，多重加强的安全技术机制或者控制手段才能够构建更加完善和健壮的系统，所以在对云计算系统进行安全部署时依然要遵循计算机与网络安全所遵循的纵深防御的原则，构建完整的云安全技术体系，如图 2-6 所示。

图 2-6　云计算安全技术体系

虽然云基础设施与传统 IT 基础设施在很多层面上存在不同，但是传统的安全技术在云计算安全技术体系中仍然处于主导地位。云计算环境的特点决定了云计算安全需要新的安全技术，其中起关键作用的是云数据安全、密文检索与处理、虚拟化安全技术、应用安全、可信访问控制等技术。

## 2.6　项目实训

黑客正在（7×24）小时不间断地攻击着网络的 Web 应用程序：购物车、表格、登录网页、动态页面等。世界上任何不安全的 Web 应用层都为其提供了方便的后端企业数据库。对于 Web 应用黑客，防火墙、SSL 及锁定服务器等方法都是徒劳的，他们可以穿过防火墙、操作系统和网络级的安全防护设备，取得用户的应用程序和企业的数据。量身定制的 Web 安全设备往往难以测试出一些还未发现的漏洞，因此容易成为黑客攻击的目标。

云计算很多应用都是通过 Web 浏览器进行访问的，因此成为黑客 Web 攻击的重灾区，及时进行网络脆弱性扫描，发现并补上 Web 漏洞是进行安全防范的重要措施，本次实训要求部署网络漏洞扫描器，扫描发现目标网站/主机的安全漏洞，并给出分析报告和加固建议，提高系统安全性。

**实训任务**

分别使用 Acunetix WVS 和 Nessus 进行 Web 漏洞扫描,并生成扫描报告。

**实训目的**

(1)掌握漏洞扫描工具的使用方法;

(2)理解风险相关因素内因和外因的区别;

(3)理解系统脆弱性的概念;

(4)掌握分析解决问题的能力。

**实训步骤**

**1.搭建实训环境**

(1)选定扫描目标

可以选定一个网站或自己搭建一个网站或选定一个主机。

(2)安装软件

分别安装 Acunetix WVS 和 Nessus 漏洞扫描软件(可以两人一组分别安装)。

Acunetix WVS 和 Nessus 目前为收费软件,但都提供试用。可通过网上搜索、下载相关软件,安装并运行。Nessus 的下载站点 https://www.tenable.com/downloads/nessus;Acunetix WVS 的下载站点 https://www.acunetix.com/vulnerability-scanner/download/。

安装过程在此不再赘述。

**2.开始漏洞扫描**

安装完成后,分别运行软件,完成漏洞扫描。

(1)使用 Acunetix WVS 进行漏洞扫描

运行 Acunetix WVS 看到如图 2-7 所示的界面,单击"Add Target"命令添加扫描目标,在弹出的窗口(图略)中添加地址信息 Address 和描述信息 Description,地址信息可以是 IP 地址,也可以是 URL。

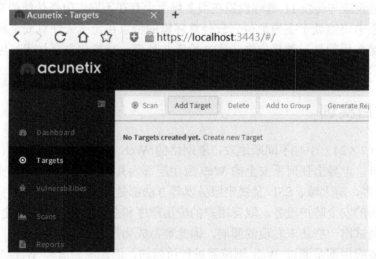

图 2-7　Acunetix WVS 管理界面

添加地址后,选择"Business Criticality(业务关键级别)"选项,其他设置为默认,然后单击"Save"按钮,如图 2-8 所示。

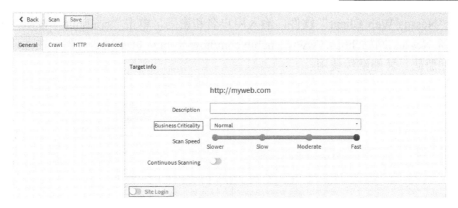

图 2-8　扫描参数的简单设置

在此界面，如果要扫描的网站需要登录，可以单击"Site Login"按钮，输入登录信息。这里只做了一般配置（General），也可以进行爬行（Crawl）、HTTP、高级（Advanced）等配置。

配置完毕后，单击"Scan"（扫描）按钮，出现如图 2-9 所示窗口，选择"Full Scan"（完全扫描）选项，还可选择"Report"（报告类型）、"Schedule"（明细清单）选项，单击"Create Scan"按钮就开始进行漏洞扫描了。根据网站规模和复杂程度的不同，扫描过程会持续不等的时间，一般耗时较长，如图 2-10 所示。

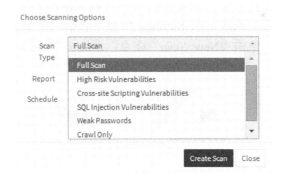

图 2-9　扫描类型设置

图 2-10　扫描过程截图

（2）使用 Nessus 进行漏洞扫描

运行"Nessus Web Client"软件，输入用户名和密码，单击"continue"按钮，如图 2-11 所示需要到 Nessus 网站 https://www.tenable.com/how-to-buy 页面注册，然后在注册邮箱中找到并输入注册码，才能继续使用。

图 2-11　Nessus 登录页面输入注册码

注册完成后，进入配置页面。在设置扫描前可以先添加一个 Policies（策略），选择"Advanced Scan"（自定义）选项，在 Settings 中填写名称，在 Plugin 中选择检测项（可全选），单击"Save"按钮。单击"New Scan"命令，添加一个新的扫描，出现如图 2-12 所示界面。

图 2-12　New Scan 选项界面

选择第一个"Advanced Scan"选项，出现图 2-13 所示界面。"Name"处填写名字，"Description"处填写描述信息，"Targets"为要访问的主机 IP 地址或者网段，属必填项，填好之后单击"Save"按钮进行保存。

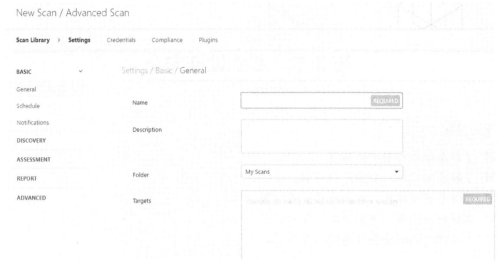

图 2-13　设置扫描信息

保存后，单击"Start Scan"按钮就开始扫描了。还可以根据自己需求设置定时扫描，扫描后将信息发到指定邮箱。

**3．生成扫描报告**

扫描完成后，导出扫描报告，分析扫描报告，给出高危漏洞主机、一般漏洞主机等统计信息。

4．回顾实验过程，分析在哪些阶段进行适当配置可以缩短扫描时间。

**【课后习题】**

**一、选择题**

1．信息系统安全保障模型中安全保障要素包括（　　　）。

　　A．技术　　　　　　　B．管理　　　　　　　C．工程　　　　　D．人员

2．云计算安全参考架构是基于角色的分层描述，将角色分成（　　　）大类。

　　A．三　　　　　　　　B．四　　　　　　　　C．五　　　　　　D．六

3．根据等级保护相关管理文件，信息系统的安全保护等级分为（　　　）级。

　　A．三　　　　　　　　B．四　　　　　　　　C．五　　　　　　D．六

4．风险评估的相关要素包括：资产、威胁、脆弱性、安全风险、安全措施、残余风险等。其中脆弱性是指（　　　）。

　　A．引起风险的外因　　B．引起风险的内因　　C．环境因素　　　D．人为因素

**二、简答题**

1．说明资产、脆弱性、威胁、风险等概念，以及它们之间的关系。

2．说明云计算安全技术与信息安全技术之间的关系。

3．CSA 提出的《云计算关键领域安全指南 4.0》中，对云治理和云运行两方面分析了云安全相关内容，请说明这两个领域分别包含哪些内容？

4．思考技术与管理的关系，简述这两者哪个更重要。

# 第3章　基础设施安全

⊞ 学习目标

☑ 了解基础设施安全的内涵；
☑ 了解基础设施安全涉及的内容；
☑ 理解基础设施在云计算中的重要作用；
☑ 理解网络设备、安全设备的作用；
☑ 掌握常见网络安全设备的配置方法。

基础设施安全是云计算安全运行的基础，从物理设施到用户的配置和基础设施组件的实现，包括计算（负载）、网络和存储安全，是云计算安全中所有内容的基本组成部分。

基础设施安全有两个层面，如图3-1所示。

（1）物理资源层

汇集在一起用来构建云的基础资源。这层是用于构建云资源池的原始、物理和逻辑的计算（处理器、内存等）、网络和存储资源，包括用于创建网络资源池的网络硬件和软件的安全性。

（2）逻辑/抽象资源层

由云用户参与管理的虚拟/抽象基础设施。这层是从资源池中使用的计算、网络和存储资产，如由云用户定义和管理的虚拟网络安全性等。

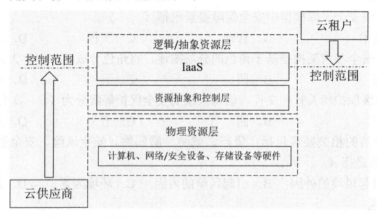

图3-1　基础设施安全的两个层面

云服务商需要关注上述两个层面的基础设施安全，而用户更关心逻辑/抽象资源层的安全。物理资源层的安全与现有数据中心的安全标准是一致的，本章主要就物理实体安全、网络通信安全、网络设备安全等物理基础设施进行讲解，云用户关心的虚拟基础设施安全相关的内容将在第4章讲解。

# 3.1 物理安全

物理安全是一切安全的起点，物理安全机制与云计算其他的安全机制同样重要。根据 Sage Research 的一项研究结果显示，在实践过程中，80%的网络故障都归结于物理安全。此外，在云计算的世界中，物理和虚拟安全的边界正变得越来越模糊，所以云计算的物理安全问题更令人担心。

云计算物理系统由承载信息的各种硬件设备、云计算数据中心所处的物理环境和软/硬件构建而成的云计算系统三个部分组成。云计算数据中心物理系统的安全是云计算信息系统安全运行的基本保障。

## 3.1.1 物理安全的概念与威胁

物理安全也称实体安全，是信息系统安全的前提，通过采取适当措施来降低或阻止人为或自然因素从物理层面对信息系统保密性、完整性、可用性带来的安全威胁，保证信息系统的安全可靠运行。

物理安全包括设备安全、环境安全/设施安全、介质安全，主要解决设备、设施、介质的硬件条件所引发的信息系统物理安全威胁问题。设备安全的技术要素包括设备的标志和标记、防止电磁信息泄露、抗电磁干扰、电源保护及设备振动、碰撞、冲击适应性等方面；环境安全的技术要素包括机房场地选择、机房屏蔽、防火、防水、防雷、防鼠、防盗窃、供配电系统、空调系统、综合布线、区域防护等方面；介质安全的技术要素包括介质自身安全及介质数据的安全。

此外，物理安全还要考虑管理和人员因素，实现日常管理的规范化、制度化，并对操作人员进行技术培训、安全管理、应急演练等。

云计算数据中心物理设施面临的安全威胁是多方面的，总体来说包括自然灾害、环境影响、物理攻击等。

（1）自然灾害

自然灾害对云计算数据中心安全的影响往往是毁灭性的，包括地震、火灾、水灾、雷击等。

地震：地震灾害具有突发性和不可预测性，对数据中心及其设备会产生严重的影响。如果没有做好地震防护措施，一旦地震发生，将会对数据中心造成破坏，带来严重的经济损失和人员伤亡。云计算数据中心选址应尽可能远离地震带。

火灾：火灾是发生频率最高的灾害，往往会造成较大的损失。机房火灾成因有多种：电器设备和线路短路、过载、接触不良、绝缘层破坏或者静电等原因引起电打火导致火灾；操作人员吸烟、乱扔烟头等因素导致火灾；其他建筑物起火而蔓延到机房而引起火灾等。

水灾：水灾是指洪水、暴雨、建筑物积水和漏雨等对设备造成的危害。水灾不仅威胁到人们生命安全，也会对设备造成损失，对云计算信息系统运行产生不良影响。一般数据机房不部署在地势低洼的地方，以及建筑物顶层，以便防涝、防渗。机房周围还要避免供水设施通过，防止水管破裂导致的水灾。

雷击：雷击对信息系统造成的危害是显而易见的，由于电子设备的电磁兼容能力低，不能承受雷电及强电磁浪涌产生的瞬间过电压或过电流，将导致电子设备的损坏，影响业务的正常运行。数据机房不应部署在建筑物顶层，另外还要防止感应雷的危害。

（2）环境影响

环境因素对数据中心造成的威胁主要来自两个方面，一方面来自电磁环境的影响，包括断电、电压波动、静电、电磁辐射等；另一方面来自物理环境的影响，包括灰尘、潮湿、温度等。

静电：静电是由物体间的相互接触、摩擦而产生的，云计算设备也会产生很强的静电。静电产生后，由于未能释放而保留在设备内，会产生很高的电位，当产生静电放电火花时，会造成火灾，也可能使大规模集成电器损坏。因此，机房建设通常会部署防静电地板，并设置静电接地。

电磁辐射：电磁辐射的影响有两种：电磁干扰和电磁泄漏。电磁干扰会造成数据紊乱甚至元器件失常；电磁辐射可被高灵敏度的接收设备接收并进行分析、还原，造成计算机的信息泄露。屏蔽是防电磁泄漏的有效措施，屏蔽主要包括电屏蔽、磁屏蔽和电磁屏蔽三种类型。

灰尘：灰尘会造成插件接触不良、散热效率降低、绝缘性能下降等，还会增加机械磨损，尤其是对驱动器和盘片。灰尘还会造成磁盘数据读/写出错，严重时划伤盘片，导致磁头损坏。

（3）物理攻击

物理攻击包括物理设备接触、物理设备破坏、物理设备失窃等。

物理设备破坏包括故意和无意的设备损坏。无意的设备损坏多是操作不当造成的；有意破坏则是有预谋的破坏。物理设备防盗是永远不能放松警惕的。

### 3.1.2　物理安全的具体措施

物理安全防护一般从物理设备安全、介质安全、环境安全、综合保障等方面进行，具体措施参照国家推荐标准进行。《信息安全技术　信息系统安全等级保护基本要求》（GB/T 22239—2008）中第三级系统的物理安全基本要求如表 3-1 所示，共计 10 个安全控制点，32 个控制项。

表 3-1　第三级系统物理安全基本要求

| 编号 | 安全控制点 | 测评指标 |
|---|---|---|
| 1 | 物理位置选择 | 机房和办公场地应选择在具有防震、防风和防雨等能力的建筑内 |
| 2 | （G3） | 机房场地应避免设在建筑物的高层或地下室，以及用水设备的下层或隔壁 |
| 3 |  | 机房出/入口应安排专人值守，控制、鉴别和记录进入的人员 |
| 4 | 物理访问控制 | 需进入机房的来访人员应经过申请和审批流程，并限制和监控其活动范围 |
| 5 | （G3） | 应对机房划分区域进行管理，区域和区域之间设置物理隔离装置，在重要区域前设置交付或安装等过渡区域 |
| 6 |  | 重要区域应配置电子门禁系统，控制、鉴别和记录进入的人员 |

续表

| 编号 | 安全控制点 | 测评指标 |
|------|-----------|----------|
| 7 | 防盗窃和防破坏<br>（G3） | 应将主要设备放置在机房内 |
| 8 | | 应将设备或主要部件进行固定，并设置明显的不易除去的标记 |
| 9 | | 应将通信线缆铺设在隐蔽处，可铺设在地下或管道中 |
| 10 | | 应对介质分类标识，存储在介质库或档案室中 |
| 11 | | 应利用光、电等技术设置机房防盗报警系统 |
| 12 | | 应对机房设置监控报警系统 |
| 13 | 防雷击<br>（G3） | 机房建筑应设置避雷装置 |
| 14 | | 应设置防雷保护器，防止感应雷 |
| 15 | | 机房应设置交流电源地线 |
| 16 | 防火<br>（G3） | 机房应设置火灾自动消防系统，能够自动检测火情、自动报警，并自动灭火 |
| 17 | | 机房及相关的工作房间和辅助房应采用具有耐火等级的建筑材料 |
| 18 | | 机房应采取区域隔离防火措施，将重要设备与其他设备隔离开 |
| 19 | 防水和防潮<br>（G3） | 水管安装不得穿过机房屋顶和活动地板下 |
| 20 | | 应采取措施防止雨水通过机房窗户、屋顶和墙壁渗透 |
| 21 | | 应采取措施防止机房内水蒸气结露和地下积水的转移与渗透 |
| 22 | | 应安装对水敏感的检测仪表或元件，对机房进行防水检测和报警 |
| 23 | 防静电<br>（G3） | 关键设备应采用必要的接地防静电措施 |
| 24 | | 机房应采用防静电地板 |
| 25 | 温、湿度控制<br>（G3） | 机房应设置温、湿度自动调节设施，使机房温、湿度的变化在设备运行所允许的范围内 |
| 26 | 电力供应<br>（A3） | 应在机房供电线路上配置稳压器和过电压防护设备 |
| 27 | | 应提供短期的备用电力供应，至少满足关键设备在断电情况下的正常运行要求 |
| 28 | | 应设置冗余或并行的电力电缆线路为计算机系统供电 |
| 29 | | 应建立备用供电系统 |
| 30 | 电磁防护<br>（S3） | 应采用接地方式防止外界电磁干扰和设备寄生耦合干扰 |
| 31 | | 电源线和通信线缆应隔离铺设，避免互相干扰 |
| 32 | | 应对关键设备和磁介质实施电磁屏蔽 |

另外，在《信息安全技术 网络安全等级保护基本要求 第 2 部分：云计算安全扩展要求》（GA/T 1390.2—2017）中，第三级系统物理和环境安全明确要求："应确保云计算基础设施位于中国境内"，运维要求："云计算平台的运维地点应位于中国境内，禁止从境外对境内云计算平台实施远程运维"。

## 3.2 网络通信安全

云计算服务是通过互联网进行交付的，互联网络通信是进行云计算服务的基础，网络通信带宽直接影响用户操作体验，网络通信安全则影响用户通信安全。在第 2 章云计算安全参考架构的学习中（见图 2-2），了解了云基础网络运营者需提供安全传输支撑。然而，在网络协议中仍存在安全隐患。

### 3.2.1 TCP/IP 协议安全隐患

TCP/IP 协议簇是"事实上的标准"，具有较好的开放性，Internet 是在 TCP/IP 协议簇的基础上构建的。但由于设计初期过于关注其开放性和便利性，对安全性考虑较少，因此其中很多协议存在安全隐患，主要有以下几点。

① 一方面，链路层使用的 ARP 和 RARP 协议，缺乏较好的认证机制，攻击者很容易利用这些协议进行欺骗攻击，从而使假冒主机入侵其他被信任的主机；另一方面，PPP 协议缺乏对通信数据包完整性和机密性的保护手段。

② 网络层使用的 IP 协议是上层协议和应用的基础，但是使用 Ipv4 不能为通信数据包提供完整性和机密性保护，也缺乏对 IP 地址的身份认证机制，很容易遭到 IP 地址的欺骗攻击。利用源路由选项，攻击者不仅可以实施假冒数据包攻击，还可能绕开某些网络安全措施而到达目的地。此外，网络层协议还容易被攻击者实施 Dos 攻击。

③ 在传输层，攻击者可以利用 TCP 协议的三次握手机制实施 Dos 攻击，也可以通过猜测 TCP 会话中的序号来伪造数据包，甚至可以假冒通信中的合法用户进行通信。由于 UDP 协议是无连接的协议，容易被攻击者利用来实施假冒攻击和 Dos 攻击。

④ 应用层协议直接面向网络应用，每种应用差异较大，都有各自特定的安全问题。如 Telnet、FTP 和 SMTP 等协议采取简单的身份认证方式，信息以明文的方式在网络中传输，容易被攻击者窃取。由于 DNS 协议缺乏密码认证机制，攻击者可通过假冒的方式实施攻击。

### 3.2.2 基于 TCP/IP 簇的安全协议

由于 Internet 的安全问题日益突出，TCP/IP 簇也在不断地完善和发展，形成了各层安全通信协议构成的 TCP/IP 簇的安全协议，如图 3-2 所示，主要包括如下内容。

（1）链路层安全协议

主要有 PPTP、L2TP 等，重点对链路层连接提供安全保障，解决的是接入安全问题，通过建立专用通信链路，在主机或路由器之间提供安全保证。

点对点隧道协议（Point to Point Tunneling Protocol，PPTP）是在 PPP 协议的基础上开发的一种增强型安全协议，支持 VPN，可以通过 PAP、可扩展身份验证协议 EAP 等方法增强安全性。可以使远程用户通过拨入 ISP、直接连接 Internet 或其他安全的方式访问目标网络。

隧道协议（Layer 2 Tunneling Protocol，L2TP）是基于 PPTP 和二层转发协议 L2F 设计的，在链路层为客户端和服务器端之间建立经过认证的虚拟私有网络，并与加密协议一起来实现数据的加密传输。L2TP 协议同时支持在两个端点间使用多隧道，并能在 IP、帧中继永久虚拟电路、X.25 虚拟电路或 ATM 网络上使用。

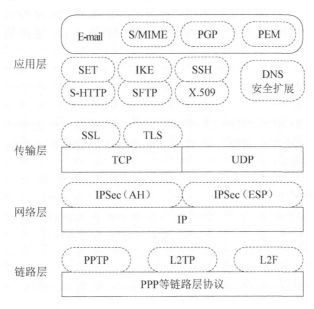

图 3-2 基于 TCP/IP 簇的安全协议

（2）网络层安全协议

IPSec（网络层安全通信协议）主要解决 IP 的安全问题。IPSec 是由 IETF IPSec 工作组于 1998 年制定的一组基于密码学的开放网络安全协议，提供访问控制、无连接的完整性、数据源认证、机密性保护、有限的数据流机密性保护及抗重放攻击等安全服务。

IPSec 协议通过 AH（Authentication Header，认证头协议）协议为 IP 数据包提供无连接完整性与数据源认证，并能抗重放攻击，一旦建立安全连接，AH 协议将尽可能为 IP 头和上层协议数据提供足够的认证。

IPSec 协议通过 ESP（Encapsulated Security Payload，封装安全载荷）协议加密需要保护的载荷数据，提供机密性和完整性保护，ESP 协议和 AH 协议可以独立使用，也可以结合使用。

（3）传输层安全协议

目前主要有 SSL 和 TLS 等。传输层的安全主要在端到端实现，提供基于进程到进程的安全通信。

安全套接层（Secure Sockets Layer，SSL）协议建立在 TCP 和上层应用层协议之间，应用层协议能透明地建立在 SSL 协议之上。该安全协议主要提供的服务有：用户和服务器的合法性认证、加密被传送的数据、维护数据的完整性。

安全传输层（Transport Layer Security，TLS）协议是由 IETF 将 SSL 标准化后形成 RFC2246，并将其称为 TLS。从技术上讲，TLS 协议与 SSL 协议的差异非常小，仅仅在一些细节上有区别。

（4）应用层安全协议

主要包括安全多用途互联网邮件扩展（Secure Multipurpose Internet Mail Extensions，S/MIME）、良好隐私（Pretty Good Privacy，PGP）、安全电子交易（Secure Electronic Transaction，SET）、安全超文本传输协议（Secure Hypertext Transfer Protocol，S-HTTP）

等。安全通信协议是根据电子邮件、电子交易等特定应用的安全需要及其特点而设计的，这些应用层的安全措施必须在端系统或主机上实施。它的主要优点是可以更紧密地结合具体应用的安全需求和特点，提供针对性更强的安全功能和服务；主要缺点是要针对每个应用设计有针对性的安全机制。

### 3.2.3 网络入侵与防范

网络安全风险是由内因和外因综合作用形成的，外因是网络安全事故形成的主导因素。网络入侵是外部人为恶意行为威胁，在网络安全事件中扮演着不光彩的角色，下面具体分析网络入侵的过程、方式和防范方法。

#### 1. 网络攻击的类型

网络入侵分为针对信息系统（主机、服务器等）的攻击和只针对网络通信的攻击两种，针对网络通信的攻击又可以根据其攻击行为分为几种类型，如图 3-3 所示。

图（a）是正常的数据通信，数据从发送方顺利达到接收方；图（b）是中断攻击，使正常通信无法进行，这是针对 CIA 三要素中可用性的攻击，如针对网络的拒绝服务攻击等；图（c）是窃听攻击，也称为截获，攻击者窃听了通信数据，这是针对保密性的攻击，当数据通信是加密通信时，这种攻击也可以针对数据流量进行统计分析进而获取一些统计信息；图（d）是篡改攻击，攻击者控制了通信过程，将发送方的报文经篡改后发送给接收方，这是针对报文消息完整性的攻击；图（e）是伪造攻击，发送方并没有发送报文，攻击者冒充发送者的身份向接收者发送通信数据，这是针对信源完整性的攻击；图（f）是重放攻击，攻击者截获了发送方给接收方（通常是服务器）的报文，然后将这个报文发送给接收方，以尝试获取正常用户的权限或信息，这也可以看作是针对信源完整性的攻击。

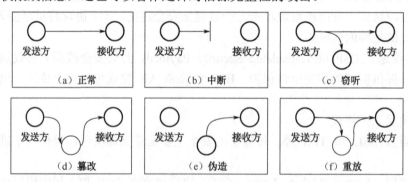

图 3-3　网络攻击的类型

上述攻击中，根据攻击者对通信的干扰情况，又可分为主动攻击和被动攻击两种。攻击者伪造、重放、篡改信息流，或者使用 Dos 攻击造成通信中断，试图通过改写或添加数据流，改变系统资源或影响系统操作的攻击，称为主动攻击；攻击者只是观察和分析某个协议数据单元，试图窃听或查看某个协议数据单元，而不干扰信息资源，称为被动攻击。

#### 2. 黑客与黑客攻击

黑客攻击通常是针对信息系统的，其目的是获取目标系统控制权、窃取机密信息、篡改系统数据、破坏目标系统、获得经济利益等。

（1）黑客的历史

"黑客"的概念最早可以追溯到 20 世纪 80 年代出现的"真正的程序员（Real Programmer）"。这批程序员当时主要来自工程界和物理界，他们用机器语言、汇编语言和 Fortran 及很多古老的语言编写程序，是各个实验室中的"精英分子"，也是黑客群体的先驱者。他们大部分的时间都耗费在计算机上，以编写软件和进行各种程序设计为乐。在实践中他们逐渐形成了计算机文化。一般情况下，这些黑客并不自称为"黑客"，在他们的世界里自有一套伦理制度，谁违反了这些游戏规则，就会变成其他人唾弃的对象。他们称那些搞破坏的黑客为"Dark-Side-Hacker"（黑暗武士），而对那些以"国家正义""民族存亡"等所谓的"严正"理由而从事破坏的人则称为"Samurai"（日本武士），至于技术不佳却自以为是的人，他们给出的称号为"Bogus"（假货）。

随着工业进程加快与网络技术的发展，黑客们开始将精力重点放在寻找各种系统漏洞上，并通过暴露网络系统中的缺陷与非授权更改服务器等行为，来达到表现自我和反对权威的目的。

在现代黑客群体中，有两大类截然不同的阵营：一类是黑客（Hacker）；另一类是从事破坏活动的骇客（Cracker），有时也将其叫作破译者或入侵者。黑客是那些对任何操作系统和网络神秘而深奥的工作方式由衷地充满兴趣的人。他们通常是一些程序员，具有操作系统和编程语言方面的高级知识，能发现系统中存在的安全漏洞及导致这些漏洞的原因。黑客们不断地探索新的知识领域并自由共享其发现，他们基本上不会有意破坏他人的系统和数据。骇客是那些强行闯入远程系统或者恶意干扰远端系统完整性的人，他们通过非授权的访问权限，盗取重要数据、破坏系统、干扰被攻击方的正常工作。从定义上说，黑客和骇客的区分是非常明确的。但是，这种严格的定义在现实世界中并不实用，因为从人性的角度出发，人们都充满各种好奇心和争强好胜的念头，因此，即使是一名黑客，在好奇心的驱使下或别人的怂恿下，也可能会做出一些不太合法的事情。因此对大多数人来说，可能会把所谓的"黑客""骇客"不加区别地当成一类人。要防止出现骇客肆虐的现象，就应该依靠建立良好的黑客道德观念和严格的法律来制约恶意的和不负责任的攻击行为。

21 世纪后，随着信息技术、计算机和网络技术的普及，黑客群体迅速扩大。黑客工具的普及造就了一大批没有受过系统教育的黑客人才，这些黑客人员良莠不齐，恶意攻击政府、组织和公司的事件屡有发生。黑客的发展呈现组织化、集团化、商业化和政治化的特征。

黑客群体的扩大为组织化和集团化创造了基础。以前那种以个人行为为主的黑客越来越少，取而代之的是大批黑客组织。黑客组织的优势是利用成员各自不同的特长进行合作攻击，从而提高成功率。例如，DDos 攻击就需要形成足够的攻击流量。另外，成员之间的相互交流也会促进整体水平的提高。

黑客技术的成长、网络安全立法的约束促进了黑客技术商业化的发展。除了少数黑客通过进行违法活动取得高额收入外，更多的黑客把技术当成谋生的手段。这些人一般在与网络技术有紧密联系的公司就职，依靠自己高超的计算机和网络技术来设计、研制和管理安全产品。例如，世界著名的网络安全公司 ISS 的克劳斯原本就是美国著名的黑客，现在是美国五角大楼的网络安全顾问。再如国内原著名的黑客组织"绿色兵团"，已改建成绿盟科技公司，成为国内知名的商业网络安全公司。

政治化也是黑客发展的特征。随着世界各国对网络战的重视，网络空间已成为继陆、海、空、天之后的第五大主权空间，各国政府都在准备迎接信息战争的挑战。相当多的黑客被政府部门雇用，从事国家网络安全与攻击的研究，如我国台湾 CIH 病毒的制作者陈盈豪就被台湾军方收编。

（2）黑客入侵的一般步骤

黑客入侵某一目标除了本身就怀着特定的目的外，一般是偶然的因素居多，但在这偶然的因素下面也有许多必然的原因，如系统本身存在一些安全漏洞或 Bug 等，让黑客有机可乘。黑客攻击大致可以分为五个步骤：搜索信息、扫描、获得权限、保持连接、消除痕迹。

① 搜索信息。搜索是很耗时的，有时候可能会持续几个星期甚至几个月。黑客会利用各种渠道尽可能多地了解目标系统，包括引擎搜索、社会工程、垃圾数据搜寻、域名信息收集、非侵入性的网络扫描等。这些类型的活动是很难防范的，很多公司的信息在 Internet 上很容易被搜索到。

② 扫描。一旦黑客对公司网络的具体情况有了足够的了解，就可以使用扫描软件对目标进行扫描以寻找潜在的漏洞，包括网络设备型号、操作系统版本、开放的端口、开放的服务、操作系统漏洞、传输的明文数据信息等。在扫描目标时，黑客往往会受到入侵防御系统（IPS）或入侵检测系统（IDS）的阻止，但技术高超的黑客是可以绕过这些防护措施的。

③ 获得权限。当黑客收集到足够的信息，对系统的安全弱点了解后就会发动攻击。黑客会根据不同的网络结构、不同的系统情况而采用不同的攻击手段。一般黑客攻击的终极目的是能够控制目标系统，窃取其中的机密文件等，但并不是每次黑客攻击都能够控制目标主机，有时黑客也会发动服务拒绝之类的攻击，使系统不能正常工作。

④ 保持连接。黑客利用种种手段进入目标主机系统并获得控制权之后，并不会马上进行破坏活动，如删除数据、涂改网页等。一般入侵成功后，黑客为了能长时间地保持和巩固其对系统的控制权而不被管理员发现，通常会留下后门。黑客会更改某些系统设置、在系统中种植木马或其他一些远程操纵程序。

⑤ 消除痕迹。在实现攻击的目的后，黑客通常会采取各种措施来隐藏入侵的痕迹，例如，清除系统的日志。

### 3. 社会工程学

社会工程学（Social Engineering）定位在计算机信息安全工作链条的最脆弱环节上，利用人而非机器成功地突破企业或消费者的安全系统，利用人性弱点、利用人际交往上的漏洞，骗取个人计算机或企业内部网的账户和密码等重要信息。其具体表现就是商业间谍、政治间谍、网络诈骗者等。

例如，攻击者冒充一个新雇员应聘到某公司，想窃取公司的商业机密。于是他便打电话给该公司的系统管理员询问系统的安全配置资料。由于是本公司的员工，系统管理员就有可能放松警惕，告诉他公司网络设备的基本情况及登录密码等。再如，攻击者冒充网络设备生产商（如思科、华为等），打电话到某公司，询问设备的使用情况是否正常，然后借此机会套出此公司所使用设备的型号、配置、拓扑结构等情况。如果接电话的雇员放松警惕，信以为真，就会在不经意间泄露公司的内部网络信息。

当电话社交工程失败时，攻击者可能会展开长达数月的信任欺骗。如通过熟人介绍认识某公司的一些雇员，慢慢骗取他们的信任；或隐藏自己的身份，通过网络聊天或者电子邮件与之相识；又或者伪装成工程技术人员骗取别人回复的信件，以获得有价值的信息等。

网络安全中人是薄弱的一环，加强防范措施的教育可以有效地阻止社会工程的攻击。提高本网络用户，特别是网络管理员的安全意识，对提高网络安全性能有着非同寻常的意义。作为安全管理人员，避免员工成为侦查工具的最好方法是对其进行教育。

罪犯利用社会工程学用某人的身份赢利或采集企业更多的信息，这不仅侵害了企业利益，而且也侵犯了用户的个人隐私。社会工程学看似是简单的欺骗，却又包含了复杂的心理学因素，其可怕程度要比直接的技术入侵大得多。毫无疑问，社会工程学将会是未来入侵与反入侵的重要对抗领域。

**4．网络扫描**

网络扫描是收集和分析目标系统信息的最有效手段，主要有端口扫描和漏洞扫描两种。

（1）端口扫描

端口扫描通常指用同一信息对目标计算机所需扫描的端口进行发送，然后根据返回的端口状态来分析目标计算机的端口是否打开、是否可用。端口扫描行为的一个重要特征，是在短时期内有很多来自相同的信源地址，传向不同目的地端口的包。

通常使用端口扫描工具进行端口扫描，通过扫描远程 TCP/IP 协议不同端口的服务，记录目标计算机端口给予回答的方法，可以收集到很多关于目标计算机的各种有用信息（如是否有端口在侦听、是否允许匿名登录、是否有可写的 FTP 目录、是否能用 Telnet 等）。

端口扫描器可以用于正常网络安全管理，但就目前来说，它主要还是被黑客所利用，是黑客入侵、攻击前期不可缺少的工具。黑客一般先使用扫描工具扫描待入侵主机，掌握目标主机的端口打开情况，然后再采取相应的入侵措施。

无论是正常用途，还是非法用途，端口扫描都可以提供如下四个用途。

① 识别目标主机上有哪些端口是开放的；② 识别操作系统类型（Windows、Linux 或 UNIX 等）；③ 识别某个应用程序或某个特定服务的版本号；④ 识别系统漏洞，这是端口扫描的一种新功能。

端口扫描的方式主要有：全 TCP 连接扫描、半开方式扫描（SYN 扫描）、TCP FIN 扫描、FTP 返回攻击、UDP 扫描等。

（2）漏洞扫描

漏洞扫描是指基于漏洞数据库，通过扫描等手段，对指定的远程或者本地计算机系统的安全脆弱性进行检测，发现可利用漏洞的一种安全检测行为。

漏洞扫描是对重要计算机信息系统进行检查，发现其中可被黑客利用的漏洞。漏洞扫描的结果实际上就是对系统安全性能的一个评估，它指出了进行哪些攻击是可能的，因此成为安全方案的一个重要组成部分。

漏洞扫描从底层技术来划分，可以分为基于网络的扫描和基于主机的扫描两种类型。

基于网络的漏洞扫描器就是通过网络远程监测目标主机 TCP/IP 不同端口的服务，扫描远程计算机中的漏洞，记录目标给予的应答，搜集目标主机上的各种信息，然后与系统的漏洞库进行匹配，如果满足匹配条件，则认为存在安全漏洞。

一般来说，基于网络的漏洞扫描工具可以作为一种漏洞信息收集工具，它根据不同漏洞的特性，构造网络数据包，再发给网络中的一个或多个目标主机，以判断某个特定的漏洞是否存在。

主机漏洞扫描器则通过在主机本地的代理程序对系统配置、注册表、系统日志、文件系统或数据库活动进行监视扫描，搜集其信息，然后与系统的漏洞库进行比较，如果满足匹配条件，则认为存在安全漏洞。

基于主机的漏洞扫描器，扫描目标系统的漏洞原理与基于网络的漏洞扫描器原理类似，但是，两者的体系结构不一样。基于主机的漏洞扫描器通常在目标系统上安装了一个代理（Agent）或者是服务（Services），以便能够访问所有的文件与进程，这也使的基于主机的漏洞扫描器能够扫描更多的漏洞。如 ESM 是个基于主机的 Client/Server 三层体系结构的漏洞扫描工具，这三层分别为：ESM 控制台、ESM 管理器和 ESM 代理。

（3）扫描工具

端口扫描和漏洞扫描一般都是借助扫描工具来进行的，一些端口扫描器只有端口扫描功能，但更多的是集成了端口扫描和漏洞扫描功能。有时为了使用专业化更强的漏洞扫描工具如 Nessus 等会更具有针对性，可以使用简单的扫描工具进行目标发现和端口扫描等扫描工作，以节省时间，所以各种扫描工具要根据其特色适当加以应用。下面简单介绍几款扫描工具。

① Nmap。

Nmap 是一个网络连接端扫描软件，用来扫描网络的在线主机、主机开放的端口及运行的操作系统等，它是网络管理员必用的软件之一，可以用以评估网络系统安全。

Nmap 也是不少黑客爱用的工具，系统管理员可以利用 Nmap 探测工作环境中未经批准使用的服务器，黑客也会利用 Nmap 搜集目标计算机的网络设定，从而规划攻击方法。

Nmap 的基本功能有三个：探测一组主机是否在线；扫描主机端口，嗅探所提供的网络服务；推断主机所用的操作系统。

② X-Scan。

X-Scan 是国内最著名的综合扫描器之一，它完全免费，是不需要安装的绿色软件，界面支持中文和英文两种语言，包括图形界面和命令行方式。它是由国内著名的民间黑客组织"安全焦点"完成的，能够扫描主机、开放端口和系统漏洞，并对扫描到的每个漏洞进行"风险等级"评估，并提供漏洞描述、漏洞溢出程序，方便网管测试、修补漏洞。美中不足的是 X-Scan 似乎很久没有再更新了。

③ Superscan。

Superscan 是功能强大的端口扫描工具，通常用来做端口扫描、查找在线主机等。

它的主要功能有：通过 Ping 检验 IP 是否在线；IP 地址和域名相互转换；检验目标计算机提供的服务类别；检验一定范围内目标计算机是否在线和端口情况；自定义列表检验目标计算机是否在线和端口情况；自定义要检验的端口，并可以保存为端口列表文件；软件自带一个木马端口列表 trojans.lst，通过这个列表可以检测目标计算机是否有木马。

④ HakTek。

HakTek 也是一个常用的端口扫描工具，它具有五项功能：Ping 某个指定的 IP 地址或域名；对指定的 IP 地址或域名进行端口检测；对某 E-mail 地址进行"炸弹"袭击或屏蔽"炸弹"袭击；检测指定 IP 地址段内各 IP 地址是否活动，活动时机器的名称和 Finger 功能。

还有很多端口扫描或漏洞扫描工具，其中专业性更强的 Acunetix WVS 和 Nessus 漏洞扫描工具在第 2 章已经介绍，这里不再赘述。

### 5. 网络监听

网络监听是一个比较敏感的话题，一方面作为一种发展比较成熟的技术，监听在协助网络管理员监测网络传输数据、排除网络故障等方面具有不可替代的作用，因而一直备受网络管理员的青睐。然而，在另一方面网络监听也给以太网安全带来了极大的隐患，许多网络入侵往往都伴随着以太网内网络监听行为，从而造成口令失窃、敏感数据被截获等连锁性安全事件。

在数据链路层，数据包以"帧"的形式传输，当网卡探测到目标地址（MAC 地址）与自己硬件地址匹配时，就收下数据帧，否则就不做理睬，而当把网卡置为混杂模式时，它将接收所能"看"到的所有帧，这就是数据监听的基本原理。

如果使用 Hub，即在使用共享式网络时，网络上所有的机器都可以"看"到网络中通过的流量，只要网卡设置为混杂模式就可以捕获网络上所有的数据帧。

而在现代网络中一般采用交换机作为网络连接设备，在这种交换式网络下，每台主机只能看到自己的数据，而看不到其他数据流量，这时要想进行数据监听就必须结合网络端口镜像技术进行配合。黑客技术则可以通过 ARP 欺骗变相达到交换网络中的侦听。

Sniffer 是典型的网络嗅探（监听）工具，可分为软件和硬件两种，软件的 Sniffer 有 Sniffer Pro、Network Monitor、Packet Bone 等，其优点是易于安装部署，易于学习使用，同时也易于交流；缺点是无法抓取网络上所有的传输，在某些情况下也就无法真正了解网络的故障和运行情况。硬件的 Sniffer 通常称为协议分析仪，一般都是商业性的，价格也比较昂贵，但具备支持各类扩展的链路捕获能力和高性能数据实时捕获分析的功能。

Wireshark 是一个网络数据包分析软件，它的功能是捕捉网络数据包，并尽可能显示出最为详细的网络数据包资料。同样它也可以用在网络监听上。计算机启动网络数据包分析软件情况时，计算机上的网卡会被设置为混杂模式，只要数据帧能达到网卡，不论帧的目的 MAC 和本网卡的 MAC 地址是否相同，网卡都将全部接收并交给数据包分析器处理。

### 6. 口令破解

口令破解也称口令入侵，是指使用某些合法用户的账号和口令登录到目的主机，然后再实施攻击活动。这种方法的前提是必须先得到该主机某个合法用户的账号，然后再进行合法用户口令的破译。获得普通用户账号的方法很多，如利用目标主机的 Finger 功能，当用 Finger 命令查询时，主机系统会将保存的用户资料（如用户名、登录时间等）显示在终端或计算机上；利用目标主机的 X.500 服务功能，某些主机没有关闭 X.500 的目录查询服务，给黑客提供了一条获得信息的简易途径。从电子邮件地址中收集，用户电子邮件地址透露了其在目标主机上的账号；查看主机是否有习惯性的账号，很多系统会使用一些习惯性的账号，造成账号的泄露等。

（1）常见的口令攻击方法

常用的口令破解方法有字典攻击（Dictionary Attack）、混合攻击（Hybrid Attack）、蛮力攻击（Brute Force Attack）等。

字典攻击是破解口令的最快方法。字典文件（充满字典文字的文本文件）被装入破解应用程序（如 L0phtCrack 等），它是根据由应用程序定位的用户账户运行的。因为大多数密码通常是简单的，所以运行字典攻击通常可以成功。

混合攻击是将数字和符号添加到文件名以尝试破解密码。许多人只通过在当前密码后加个数字来更改密码，其模式通常采用这种形式：第一个月的密码是"cat"；第二个月的密码是"cat1"；第三个月的密码是"cat2"，依次类推，这种类型的密码是很容易被破解的。

蛮力攻击也称暴力破解，是最全面的攻击方法，通常需要很长的时间，这取决于密码的复杂程度。复杂的密码，某些蛮力攻击可能需要花费一个星期甚至更长的时间。蛮力攻击也可以使用 L0phtCrack 等工具。

（2）设置安全的密码

因为设置密码的是人而不是机器，所以就存在安全的口令和不安全的口令。安全的口令可以让机器算五百年甚至更长时间都不能破解，不安全的口令只需要数秒钟就能被破解。安全的口令具有以下特点。

① 位数在 8 位甚至 12 位以上。

② 大小写字母混合。如果用一个大写字母，既不要放在开头，也不要放在结尾。

③ 如果记得住的话，可以把数字无序地加在字母中。

④ 除了数字、大小写字母外，还要有~、!、@、#、$、%、^、&、<、>、?、;、、{、}等特殊符号。

⑤ 密码定期更换，且每次密码的相关度不高。

（3）口令破解工具

① L0phtCrack。

L0phtCrack 是网络管理员必备的工具之一，它可以用来检测 Windows、UNIX 用户是否使用了不安全的密码，同样也是最好、最快的 Win 7/NT/2000 XP/UNIX 管理员账号密码破解工具。事实证明，简单的或容易遭受破解的管理员密码是最大的安全威胁之一，因为攻击者往往以合法的身份登录计算机系统而不被察觉。L0phtCrack 支持字典攻击、混合攻击、蛮力攻击等多种口令破解方法。

② John the Ripper。

John the Ripper 是免费的开源软件，它是一个快速的密码破解工具，用于在已知密文的情况下尝试破解出明文的密码破解软件，支持 UNIX 口令破解程序，但也能在 Windows 平台运行。它功能强大、运行速度快，可进行字典攻击和强行攻击，主要用于破解不够牢固的 UNIX/Linux 系统密码。

③ Crack。

Crack 是一个旨在快速定位 UNIX 口令弱点的破解程序。它使用标准的猜测技术确定口令，检查口令是否为如下情况之一：和 User Id 相同、单词 Password、数字串、字母串。Crack 通过加密一长串可能的口令，并把结果和用户的加密口令相比较，看其是否匹配。前提条件是使用用户的加密口令必须在运行破解程序之前就已提供。

此外国产口令破解软件有乱刀、流光等。

**7. 木马**

计算机世界的木马是指隐藏在正常程序中的一段具有特殊功能的恶意代码，它是具备破坏和删除文件、发送密码、记录键盘等特殊功能的后门程序。

木马程序包含：服务端（被控端）和客户端（控制器）。将木马程序植入对方计算机的服务端，黑客利用客户端进入运行了服务端的计算机，会产生一个迷惑用户的名称进程，暗中打开端口，向指定控制端发送数据（如网络游戏的密码、即时通信软件密码和用户上网密码等），黑客甚至可以利用这些打开的端口进入计算机系统。

2017 年 5 月和 6 月，名为 "Wanna Cry" "Petya" 的勒索蠕虫先后肆虐全球，给超过 150 个国家的金融、能源、医疗等众多行业造成影响。勒索病毒兼具病毒、蠕虫、木马的特点，代表了新型恶意程序的发展方向，给各国安全技术人员敲响了警钟。

### 8．拒绝服务攻击

拒绝服务攻击即 DoS 攻击，是 Denial of Service 的简称，其目的是使计算机或网络的资源耗尽而无法为用户提供正常的服务。最常见的 DoS 攻击有计算机网络带宽攻击和连通性攻击，以及针对服务器 TCP 连接资源的拒绝服务攻击等。

DoS 攻击的主要方法有：死亡之 Ping（Ping of Death）、泪滴（Tear Drop）、UDP 洪水（UDP Flood）、SYN 洪水（SYN Flood）、Land 攻击、Smurf 攻击、电子邮件炸弹等。蠕虫消耗网络带宽，其攻击方式也是一种 DoS 攻击。

分布式拒绝服务攻击（Distributed Denial of Service，DDoS）是在传统的 DoS 攻击基础上产生的一类攻击方式。单一的 DoS 攻击多用一对一方式，当攻击目标 CPU 速度、内存或者网络带宽等各项性能指标不高时，它的攻击效果是明显的。随着计算机与网络技术的发展，计算机的处理能力迅速增强，内存大大增加，同时也出现了千兆级别的网络，使得 DoS 攻击的困难程度加大了。这时候分布式的拒绝服务攻击手段就应运而生了。

DDoS 攻击也是云计算环境最主要的安全威胁之一，攻击者发起一些关键性操作来消耗大量的系统资源，如进程、内存、硬盘空间、网络带宽等，导致云服务反应变得极为缓慢或完全没有响应。在云环境下，大量用户的数据集中存放在云数据中心，使黑客的攻击目标更明确和集中，因此 DDoS 攻击的危害和隐患也就更大了。

在一个典型的 DDoS 攻击中，攻击的过程可以分为四步。

① 攻击者扫描大量主机，从中寻找可入侵的主机目标。

② 入侵有安全漏洞的主机，种植木马程序获取控制权，使之成为"肉鸡"。

③ 在每台"肉鸡"上安装攻击程序。

④ 利用大量"肉鸡"发起 DDoS 攻击。

当出现下列现象之一时就意味着计算机或服务器遭到了 DDoS 攻击：被攻击主机上有大量等待的 TCP 连接；网络中充斥着大量无用的数据包，源地址为假；制造高流量无用数据，造成网络拥塞，使受害主机无法正常和外界通信；利用受害主机提供的服务或传输协议上的缺陷，反复高速地发出特定的服务请求；使受害主机无法及时处理所有正常请求；严重时会造成系统死机。

### 9．IP 欺骗

IP 欺骗是利用不同主机之间的信任关系而进行欺骗攻击的一种手段，这种信任关系是以 IP 地址验证为基础的。为了进行 IP 欺骗，攻击者需要进行以下工作。

① 使被信任的主机丧失工作能力。一旦发现被信任的主机，为了伪装，往往使其丧失工作能力。

② 采样目标主机发出的 TCP 序列号，猜测其数据序列号，这是最困难的一步。

③ 伪装成被信任的主机，同时建立起与目标主机基于地址验证的应用连接。如果成功，黑客就可以使用一种简单的命令放置一个系统后门，以进行非授权操作。

## 3.3 网络安全设备

### 3.3.1 防火墙

防火墙的概念来自建筑行业，是由防火材料组成的一道屏障，防止火灾发生时，火势从建筑的一部分或其他建筑蔓延过来。

在计算机网络中，防火墙是设置在被保护网络和外部网络之间的一道屏障，以防止外部攻击者的恶意探测、入侵和攻击，保护内部网络的安全。

**1. 位置和功能**

防火墙是不同网络（如可信任的企业内部网和不可信任的公共网）或网络安全域之间信息的唯一出入口，它本身具有强大的抗攻击能力，可以根据企业的安全政策控制（允许、拒绝、监测）出入网络的信息流，通常部署在网络节点或不同安全域之间，如图 3-4 所示。

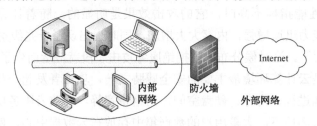

图 3-4　防火墙在网络中的位置

防火墙作为保护内部网络的第一道安全屏障，其主要功能如下。

（1）对进出网络的访问行为进行管理和控制

防火墙设置控制策略，对进出网络的行为进行过滤，决定哪些报文可以通过，哪些报文禁止通过。防火墙可以在网络层通过报文的 IP 地址和端口地址进行过滤，也可以在应用层对应用层协议进行分析，实现应用层的访问控制。

（2）过滤出入网络的数据，强化安全策略

防火墙可以通过过滤不安全的服务而降低风险，如防火墙可以禁止一些已知的不安全网络服务，从而避免外部攻击者利用这些服务的漏洞来攻击内部网络。防火墙也可以不接受某些不完整的网络数据报，避免某些基于路由的攻击，如 IP 源路由攻击、ICMP 重定向攻击、拒绝服务攻击等。

（3）对网络存取和访问进行监控审计

防火墙能够记录所有内/外网之间的访问事件，并生成日志记录，同时也可以提供网络使用情况的统计数据。当有可疑动作发生时，防火墙能进行适当的报警，并提供网络是否受到监测和攻击的详细信息。

（4）防止内部网络信息的外泄

防火墙可以屏蔽内部网络结构的细节，隐藏内部网络主机的 IP 地址，防止外部攻击者探测内部网络结构和内部网络主机的操作系统、应用程序及开放端口等信息。同时，利用防火墙对内部网络的划分，可以实现内部重点网段的隔离，从而限制局部重点或敏感网络安全问题对全局网络造成的影响。

（5）防止 IP 地址欺骗

防火墙可以用于防止 IP 地址欺骗，尤其是对于来自外部网络的攻击者假冒内部主机地址来欺骗内部用户的情况。通过对网络数据包的报头数据和源地址的识别，可以有效识别内部网络数据包和外部网络数据包，防止 IP 地址欺骗的发生。

### 2. 局限性

防火墙虽然是最常用的网络安全设备，但网络安全面临的问题很多，防火墙无法解决所有的问题，仍存在以下的局限性和不足。

（1）不能防范来自内部的攻击

防火墙只提供对源自外部攻击的防护，而对来自内部网络用户的攻击却无能为力。

（2）难以防范新的威胁

防火墙是被动性的防御系统，能够防范已知的威胁，但没有防火墙能自动防御新的威胁。

（3）防火墙难以防范病毒和一些特殊攻击

尽管某些防火墙产品提供了对数据流通过时的病毒检测功能，但是病毒容易通过压缩包、加密包等方式流进网络内部。防火墙对于某些网络攻击也没有较好的防范能力，如攻击者使用合法用户身份，从合法地址来攻击系统，窃取内部网络信息。

（4）不当配置可能会造成安全漏洞或限制有用的网络服务

防火墙的管理及配置大多比较复杂，管理员需要深入了解网络安全攻击手段及系统配置，不当的安全配置和管理易于造成安全漏洞；同时管理员为了提高网络的安全性，而限制或关闭的一些端口和服务，也会给用户正常使用带来不便。

（5）粗粒度的访问控制难以实现精细化管理

传统防火墙只实现了粗粒度的访问控制，不能与企业内部使用的其他安全机制集成使用，如企业为了对内部用户进行身份验证和访问控制需要管理单独的数据库等。

### 3. 主要技术原理

防火墙有多种分类方法，按照技术原理可以将防火墙分为静态包过滤防火墙、状态检测防火墙、应用代理防火墙和自适应防火墙。

（1）静态包过滤防火墙

静态包过滤防火墙是第一代防火墙，它工作在网络层，根据系统事先定义好的过滤规则审查每个数据包，确定数据包是否与过滤规则匹配。如果过滤规则允许通过，那么该数据包就会按照路由表中的信息被转发；如果过滤规则拒绝数据包通过，则该数据包就会被丢弃。过滤审查对象是每个数据包的源地址、目的地址、源端口号、目的端口号、协议类型及各个标志位等因素。

静态包过滤防火墙的优/缺点都很明显，优点主要有：

- 逻辑简单、功能容易实现、设备价格便宜；
- 处理速度快；
- 通过检测过滤，可以识别和丢弃一些简单、带欺骗性源 IP 地址的包；
- 过滤规则与应用层无关，易于安装和使用。

静态包过滤防火墙的缺点主要有：

- 过滤规则集合复杂，配置困难，需要用户对协议有深入了解，否则因配置不当容易出现问题；
- 对于服务较多、结构较为复杂的网络，静态包过滤的规则十分复杂，且难以验证、容易出错；
- 无法对应用层信息进行过滤；
- 不能防止地址欺骗，不能防止外部客户与内部主机直接连接；
- 安全性较差，不提供用户认证功能。

（2）状态检测防火墙

状态检测防火墙又称为动态包过滤防火墙，是对传统包过滤的功能扩展。状态检测是在网络层检查数据包并抽取出与应用层状态有关的信息，并以此为依据决定对该连接是接受还是拒绝。建立状态连接表，并将进出网络的数据当成一个个的会话，利用状态表跟踪每一个会话状态。状态检测对每一个包的检查不仅根据规则表，更考虑了数据包是否符合会话所处的状态。

状态检测防火墙的优点主要有：

- 能够跟踪网络会话并应用会话信息决定过滤规则，能够提供基于无连接协议（UDP）的应用（DNS 等）及基于端口动态分配协议（RPC）应用（如 NFS、NIS）的安全支持，静态包过滤和代理网关都不支持此类应用；
- 具有记录通过每个包详细信息的能力，包括应用程序对包的请求、连接持续时间、内部和外部系统所做的连接请求等；
- 安全性较高，状态检测防火墙结合网络配置和安全规定可以做出接纳、拒绝、身份认证、报警或给该通信加密等处理动作。

状态检测防火墙的缺点主要有：

- 检查内容比包过滤检测技术多，对防火墙性能要求高；
- 状态检测防火墙的配置非常复杂，对用户的能力要求较高，使用起来不太方便。

（3）应用代理防火墙

代理服务技术（Proxy）的原理是在网关上运行应用代理程序，运行时由两部分连接构成：一部分是应用网关同内部网络用户计算机建立的连接，另一部分是代替原来的客户程序与服务器建立的连接。有两种应用网关防火墙：一种是电路网关防火墙（电路级网关防火墙）；另一种是应用级网关防火墙。

电路级网关防火墙工作于 OSI 互联模型的会话层或 TCP/IP 模型的 TCP 层，网关接受客户端的连接请求，代表客户端完成网络连接，建立起一个回路，将数据包提交给用户的应用层进行处理。通过代理，隐藏了被保护网络的信息。与应用级代理网关防火墙相比，电路级网关代理能处理更为广泛的协议和服务，但缺点是粒度控制级别较低。

应用级网关防火墙（应用代理服务器）工作于 OSI 模型或者 TCP/IP 模型的应用层，用来控制应用层服务，起到外部网络向内部网络或内部网络向外部网络申请服务时的转接作用。它的主要优点是可避免内/外网主机的直接连接，提供比静态包过滤更详细的日志记录。它的主要缺点是处理速度比静态包过滤防火墙慢；对用户不透明；需要针对每种协议设置一个不同的代理服务器。

（4）自适应代理防火墙

自适应代理防火墙解决了代理型防火墙速度慢的问题，主要由自适应代理服务器与动态包过滤组成，它可以根据用户的配置信息决定所使用的代理服务是从应用层代理请求，还是从网络层转发包。为了保证有较高的安全性，开始的安全检查在应用层进行，当明确了会话细节后，数据包可以直接由网络层转发。

**4. 部署结构**

在不同应用环境和安全要求下，部署和使用防火墙的方法各有不同。目前部署结构主要有以下三种方式。

（1）单防火墙部署方式

单防火墙系统是最基本的防火墙系统，这种防火墙系统设计只使用单个防火墙产品，且仅使用内部和外部端口，它不提供 DMZ，这种部署方式就是前面定义中（见图 3-3）的形式。在这种架构中，防火墙产品分为外部网络和内部网络，主要提供两种作用：一是防止外部主机发起到内部受保护资源的连接，防止外部网络对内部网络的威胁；二是对内部主机通往外部资源的流量进行过滤和限制，适用于家庭网络、小型办公网络和远程办公网络的环境，通常在这些内部网络中很少或没有需要外部来访问的资源。

在实际工作时，单防火墙系统还可以设置透明模式或路由模式。透明模式要求防火墙系统工作在数据链路层，防火墙的内网接口与内部网络相连，外网接口与外部网络相连，此时内部网络和外部网络处于同一网段，不需要对防火墙接口设置 IP 地址，就像网桥一样将防火墙接入网络中，无须修改任何已有的配置。所谓"透明"，即用户感觉不到防火墙的存在。

路由模式要求防火墙系统工作在网络层，此时内部网络和外部网络分别处于两个不同的网段中。连接时，需要将防火墙与内、外网络分别相连的接口配置成不同网段的 IP 地址，此时防火墙相当于一台路由器。

（2）有 DMZ 的单防火墙部署方式

DMZ（Demilitarized Zone，隔离区），也称"非军事化区"。它是为了解决安装防火墙后，外部网络的访问用户不能访问内部网络服务器的问题，而设立的一个非安全系统与安全系统之间的缓冲区。该缓冲区位于企业内部网络和外部网络之间的小型网络区域内。如图 3-5 所示，表示单防火墙带 DMZ 的部署结构。在这种设置中，一个防火墙提供了三个不同的端口，其中一个连接外部网络，一个连接内部网络，一个连接 DMZ，用于放置 Web 系统、邮件系统等允许外部网络访问的公开服务系统。

图 3-5　有 DMZ 的单防火墙部署方式

这种配置将使防火墙在面临 DoS 攻击时会有较高的服务降级，甚至服务中断的风险。当有针对 DMZ 资源的 DoS 攻击时（如 DMZ 区中的 Web 服务器），防火墙就承受了所有拒绝服务的冲击，在这种情况下，整个组织机构的进出流量都将受到影响。

（3）双防火墙部署方式

双防火墙架构为穿过防火墙的不同安全区域之间的流量提供了更细粒度的控制能力。在这种部署结构中，使用两台防火墙分别作为外部防火墙和内部防火墙，在两台防火墙之间形成了一个 DMZ 网段，同前面支持 DMZ 的单防火墙系统结构相似，外部流量允许进入 DMZ，内部流量允许进入 DMZ 并通过 DMZ 流出至外部网络，但外部网络的流量不允许直接进入内部网络，如图 3-6 所示。

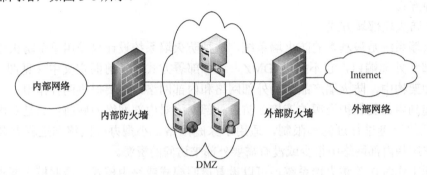

图 3-6　双防火墙部署方式

双防火墙部署方式比单防火墙部署方式要复杂，但能提供更为安全的保护。在双防火墙架构中，当两台防火墙产品选自于不同厂商时，能提供更高的安全性。因为在这种情况下，攻击者需要攻破两个分离的防火墙，而且需要使用针对不同防火墙产品的攻击手段。

双防火墙部署结构需要购买多台防火墙设备，当这些防火墙来自不同厂商时，实施和维护费用较高，该方式适用于安全要求级别较高的环境，如政府、电信、银行等。

### 3.3.2　入侵检测

入侵检测（Intrusion Detection）是对入侵行为的检测。它通过收集和分析网络行为、安全日志、审计数据、网络上可以获得的其他信息及计算机系统中若干关键点的信息，检查网络或系统中是否存在违反安全策略的行为和被攻击的迹象。

#### 1．主要功能

入侵检测系统（Intrusion Detection System，IDS）是一种对网络传输进行即时监视，在发现可疑传输时发出警报或者采取主动反应措施的网络安全设备。在不影响网络性能的情况下能对网络进行监测，提供对内部攻击、外部攻击和误操作的实时保护。IDS 是一种积极主动的安全防护技术，通常是软件和硬件的结合，其重要功能如下。

（1）监控、分析用户和系统的活动

入侵检测系统通过获取进/出某台主机或整个网络的数据，或通过查看主机日志等信息来实现对用户和系统活动的监控。入侵检测系统不仅能够控制、分析用户和系统的活动，还要使这些操作足够地快，以便及时发现和响应安全事件。

（2）发现入侵企图或异常现象

这是入侵检测系统的核心功能，主要包括两个方面：一方面是入侵检测系统对进/出网络或主机的数据流进行监控，观察是否存在对系统的入侵行为，另一方面是评估系统关键资源和数据文件的完整性，观察系统是否已经遭受了入侵。前者的作用是在入侵行为发生时及时发现，从而避免系统再次遭受攻击，后者有利于对攻击者进行追踪，对攻击行为进行取证。

（3）记录、报警和响应

入侵检测系统在检测到攻击后，应该采取相应的措施来阻止攻击或响应攻击。入侵检测系统应先记录攻击的基本情况，并能及时发出报警。好的入侵检测系统，不仅能把相关数据记录在文件或数据库中，还能提供报表打印功能。必要时，系统还应采取必要的响应行为，如拒绝接收所有来自某台计算机的数据、追踪入侵行为等。

（4）弥补防火墙的不足

防火墙为网络提供了第一道防线，入侵检测系统是第二道安全闸门，弥补了防火墙的局限性和缺点，能够对网络进行检测，提供对内、外部攻击和误操作的实时监控，提供动态保护大大提高了网络的安全性。如果说防火墙是一幢大楼的保安、门禁系统，入侵检测系统就是监视系统，它不仅仅针对外来的入侵者，同时也针对内部的入侵行为。

**2．检测原理**

根据检测原理的不同，可以将入侵检测系统分为三种类型：异常检测、误用检测和混合检测。

（1）异常检测

异常检测是根据系统或用户的非正常行为，或者对于计算机资源的非正常使用，检测出入侵行为的技术。在异常检测中，观察到的不是已知的入侵行为，而是系统运行过程中的异常现象。异常检测需要建立一个系统的正常活动状态或用户正常行为的描述模型，操作时将用户当前行为模式或系统的当前状态，与该正常模型进行比较，如果当前值超出了预设的阈值，则认为存在着攻击行为。异常检测最重要的是建立用户正常行为轮廓，并及时修正阈值。

（2）误用检测

误用检测（特征检测）是根据已知入侵攻击的信息（知识、模式等）来检测系统中的入侵和攻击行为。误用检测需要对现有的各种攻击手段进行分析，建立能够代表该攻击行为的特征集合，操作时将当前数据进行处理后与这些特征集合进行匹配，如果匹配成功，则说明有攻击发生。误用检测最重要的是建立完备的攻击行为特征库，并及时更新扩充。

（3）混合检测

混合检测是在考虑分析系统的正常行为和可疑入侵行为之后，做出检测结果的判断，所以检测结果能更全面、准确和可靠。它通常根据系统的正常数据流来检测入侵行为，也被称为启发式特征检测。

**3．检测对象**

根据检测对象或数据来源的不同，可以将入侵检测分为基于主机的入侵检测、基于网络的入侵检测和混合入侵检测。

（1）基于主机的入侵检测系统

基于主机的入侵检测系统（Host-Based Intrusion Detection System，HIDS）通过监测主机

的审计记录、系统日志、应用日志及其他数据查找和发现攻击行为的痕迹。它可以部署在各种计算机主机上。HIDS 能检测所有的系统行为，不需要额外的硬件支持，能适合加密环境，与网络无关。但这类检测系统与平台密切相关，可移植性差，会对目标主机的性能造成一定影响，也无法检测出基于网络的入侵行为。

HIDS 部署时，一般需要在检测主机上安装检测代理软件，并部署一台分析引擎和一台管理终端，所有检测代理与分析引擎联系，上报检测结果，分析引擎再将分析结果上报管理终端进行事件处理。

（2）基于网络的入侵检测系统

基于网络的入侵检测系统（Network-Based Intrusion Detection System，NIDS）使用网络数据包作为数据源。NIDS 通常实时监视并分析通过网络的所有数据，从中获取有用的信息，再使用误用检测或异常检测来识别攻击事件。NIDS 与平台无关，不影响主机的性能，能够在较大的网络范围内进行安全检测，可检测基于协议的攻击行为。但它不能检测加密数据流量，不能检测主机内部发生的入侵行为，对于交换网络支持不足，处理负荷较重。

NIDS 一般采用旁路接入的方式，由检测引擎和管理终端两部分组成，如图 3-7 所示。

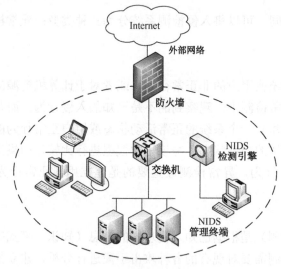

图 3-7　入侵检测系统部署

（3）混合入侵检测系统

将 HIDS 与 NIDS 技术融合在一起，一方面能够对主机上的用户或进程行为进行检测；另一方面能够对网络的整体态势做出反应。

### 4．入侵检测的工作过程

入侵检测的工作过程分为三个步骤。

（1）信息收集

信息收集的内容包括系统、网络、数据及用户活动的状态和行为。由放置在不同网段的传感器或不同主机的代理来收集信息，包括系统和网络日志文件、网络流量、非正常的目录和文件改变、非正常的程序执行。

（2）信息分析

收集到的有关系统、网络、数据及用户活动的状态和行为等信息，被送到检测引擎，检测引擎驻留在传感器中，一般通过三种技术手段进行分析，即模式匹配、统计分析和完整性分析。当检测到某种误用模式时，产生一个告警并发送给控制台。

（3）告警响应

控制台按照告警采取预先定义的响应措施，可以是重新配置路由器或防火墙、终止进程、切断连接、改变文件属性，也可以只是简单的告警。

### 3.3.3 VPN

虚拟专用网（Virtual Private Network，VPN）是通过一个公用网络（通常是 Internet）建立一个临时的、安全的连接。它是一条穿过公用网络的安全、稳定的隧道。

虚拟专用网可以实现不同网络的组件和资源之间的相互联接，任意两个节点之间的连接并没有传统专网所需的端到端的物理链路，而是利用某种公众网的资源动态组成的。VPN 是在公网中形成的企业专用链路，采用"隧道"技术，可以模仿点对点连接技术，依靠 ISP（Internet 服务提供商）和其他 NSP（网络服务提供商）在公用网中建立自己专用的隧道，让数据包通过这条隧道传输。对于不同的信息来源，可分别开出不同的隧道，提供与专用网络一样的安全和功能保障。

#### 1. 主要功能

VPN 的主要目的是保护传输数据，保护从隧道的一个节点到另一节点传输的信息流。信道的两端将被认为是可信任区域，VPN 的基本功能如下。

① 数据加密：对通过公网传递的数据必须经过加密，以保证通过公网传输的信息即使被他人截获也不会泄露。

② 完整性：保证信息的完整性，防止信息被恶意篡改。

③ 身份识别：能鉴别用户的有效身份，保证是合法用户才能使用。

④ 防抵赖：能对使用 VPN 的用户进行身份鉴别，同时可以防止用户抵赖。

⑤ 访问控制：不同的合法用户有不同的访问权限。防止对任何资源进行未授权的访问，从而使资源在授权范围内使用，决定用户能做什么，也决定代表一定用户利益的程序能做什么。

⑥ 地址管理：VPN 方案必须能够为用户分配专用网络上的地址并确保地址的安全性。

⑦ 密钥管理：VPN 方案必须能够生成并更新客户端和服务器的加密密钥。

⑧ 多协议支持：VPN 方案必须支持公共网络上普遍使用的基本协议，包括 IP、IPX 等。

#### 2. 分类

按照用户的使用情况和应用环境进行分类，可以将 VPN 分为三类。

① Access VPN：远程接入 VPN，移动客户端到公司总部或者分支机构的网关，使用公网作为骨干网在设备之间传输 VPN 的数据流量。

② Intranet VPN：内联网 VPN，公司总部的网关到其分支机构或者驻外办事处的网关，通过公司的网络架构连接和访问来自公司内部的资源。

③ Extranet VPN：外联网 VPN 是在供应商、商业合作伙伴的 LAN 和公司的 LAN 之间的 VPN。由于不同公司网络环境的差异性，该产品必须能兼容不同的操作平台和协议。由于用户的多样性，公司的网络管理员还应该设置特定的访问控制表 ACL（Access Control List），根据访问者的身份、网络地址等参数来确定其所相应的访问权限，开放部分资源而非全部资源给外联网的用户。

根据 VPN 所使用的隧道协议不同，可将其分为：PPTP、L2F、L2TP、MPLS、IPSec 和 SSL，也可以根据各协议所处网络协议层次的不同，将其分为二层隧道 VPN、三层隧道 VPN、高层隧道 VPN 等，如图 3-8 所示。

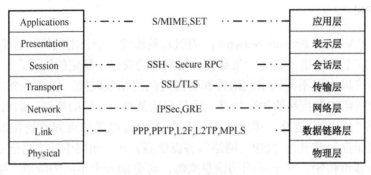

图 3-8　VPN 协议层

## 3．IPSec 协议

VPN 最关键的实现技术就是隧道技术，目前已经开发出处在 OSI 或 TCP/IP 不同层上的隧道协议，并广泛应用（见图 3-2）。有关隧道协议，这里只对 IPSec 协议进行分析。

IPSec 协议不是一个单独的协议，它给出了应用于 IP 层上网络数据安全的一整套体系结构，包括认证头协议（Authentication Header，AH）、封装安全载荷协议（Encapsulating Security Payload，ESP）、安全关联（Security Associations，SA）、密钥管理协议（ISAKMP）和用于网络认证及加密的一些算法等，其框架如图 3-9 所示。IPSec 规定了如何在对等层之间选择安全协议、确定安全算法和密钥交换，IPSec 提供的安全服务有：存取控制、无连接传输的数据完整性、数据源验证、抗重复攻击（Anti-Replay）、数据加密、有限的数据流机密性等。

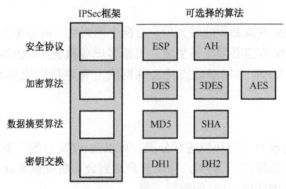

图 3-9　IPSec 协议框架

（1）IPSec 的组成

① 安全协议：包括验证头协议和封装安全载荷协议。

验证头协议：进行身份验证和数据完整性验证。AH 协议为 IP 通信提供数据源认证、数据完整性和反重播保证，它能保护通信免受篡改，但不能防止窃听，适合用于传输非机密数据。

封装安全载荷协议：进行身份验证、数据完整性验证和数据加密。ESP 为 IP 数据包提供完整性检查、认证和加密，可以看作是"超级 AH"，因为它提供机密性并可防止篡改。ESP 协议建立的安全关联是可选的。

② 安全关联：可看作一个单向逻辑连接，它用于指明如何保护在该连接上传输的 IP 报文。

安全关联是单向的，在两个使用 IPSec 的实体（主机或路由器）间建立的逻辑连接，定义了实体间如何使用安全服务（如加密）进行通信。它由下列元素组成，即安全参数索引 SPI、IP 目的地址、安全协议。

③ 密钥管理协议：进行 Internet 密钥交换（The Internet Key Exchange, IKE）。

IKE 用于通信双方动态建立 SA，包括相互身份验证、协商具体的加密和散列算法及共享的密钥组等。IKE 基于 Internet 安全关联和密钥管理协议，后者基于 UDP 实现（端口 500）。

④ 加密算法和验证算法：具体负责加解密和验证。

加密算法包括：DES、3DES、AES 等；数据摘要算法包括：HD5 和 SHA 等。

（2）IPSec 保护下的 IP 报文格式

如图 3-10 所示为传送模式（传输模式）和隧道模式的封装方式。IPSec 头字段在 AH 和 ESP 封装方式下填充的内容不同，加密方式和 Hash 运算方式也都有不同。

图 3-10　受 IPSec 保护的 IP 报文

### 4．VPN 产品应用

VPN 可以使用两种部署模式，即网关接入模式和旁路接入模式。通常使用网关接入模式，这种模式本身具有防火墙功能，可以减少其他网关设备的投入。需要说明的是，在实际应用中，很少部署单一功能的 VPN 系统，多是将 VPN 与防火墙做在一个硬件设备上，可以减少设备成本。

（1）网关接入模式

网关接入模式（Gateway）如图 3-11 所示。在这种模式下，VPN 设备不但能提供 VPN 安全通信，还能提供防火墙、路由交换、NAT 转换等功能。

（2）旁路接入模式

旁路接入模式也称透明模式（Transparent），即用户意识不到 VPN 的存在。要想实现透明模式，VPN 必须在没有 IP 地址的情况下工作，对其设置管理 IP 地址，添加默认网关地址，如图 3-12 所示为透明模式部署 VPN 后的一个网络结构。

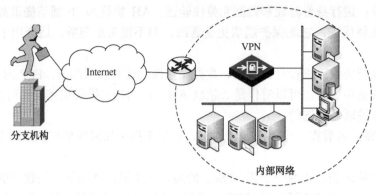

图 3-11 网关接入模式

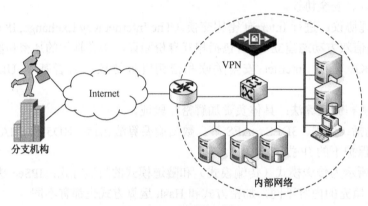

图 3-12 旁路接入模式

VPN 作为一种实际存在的物理设备，其本身也可以起到路由的作用，所以在为用户安装 VPN 时，就需要考虑如何改动其原有的网络拓扑结构或修改连接 VPN 的路由表，以适应用户的实际需要，这样就增加了工作的复杂程度和难度。但如果 VPN 采用了透明模式，即采用无 IP 方式运行，用户将不必重新设定和修改路由，VPN 就可以直接安装和放置到网络中使用，不需要设置 IP 地址。在采用透明方式部署 VPN 后的网络结构不需要做任何调整，即使把 VPN 去掉，网络依然可以很方便地连通，不需要调整网络上的交换及路由。

### 3.3.4 网络隔离

网络隔离（Network Isolation）是指把两个或两个以上可路由的网络（如 TCP/IP）通过不可路由的协议（如 IPX/SPX、Netbeui 等）进行数据交换而达到隔离目的，也叫协议隔离（Protocol Isolation）。

网络隔离的主要目标是将有害的网络安全威胁隔离开，以保障数据信息在可信网络内进行安全交互。目前，一般的网络隔离都是以访问控制为策略，物理隔离为基础，并定义相关约束和规则来保障网络的安全强度。

#### 1. 网闸的一般结构

网络隔离也称安全隔离、隔离网闸、网闸等。网闸是实现两个相互业务隔离的网络之间数据交换的有效设备，一般采用"2+1"结构，即两个独立的处理单元——内网处理单元、外网处理单元，外加一个隔离与交换控制单元（隔离硬件），如图 3-13 所示。

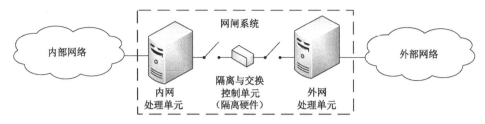

图 3-13　网闸的内部结构

当外网有数据传送到内网时，网闸系统的工作过程简单描述如下。

① 隔离硬件先设置为连接外网、断开内网模式，外网处理单元会完整地接收所有的 TCP/IP 数据包。

② 解开所有的网络头部数据，得到要传送的原始数据后，暂存在隔离安全交换单元的数据暂存区，并对这些数据进行安全检查（如查杀病毒、入侵检测、身份认证、访问控制、内容过滤等）。

③ 隔离硬件设置为连接内网、断开外网模式，再由内网处理单元将这些要传送的数据以 TCP/P 数据包的方式传递到内网中。

当内网有数据传送到外网时，执行相反的连接和处理步骤即可。从上述工作步骤可以看出安全隔离与信息交换系统在网络第二层（链路层）断开网络连接，不允许信息以网络数据包的方式在两个网络之间交换，必须在内、外网处理单元完全落地，还原成原始数据后，以纯数据交换的方式进行传输。同时，它还集合了其他安全防护技术，如入侵检测、防病毒和内容过滤等。

有的网闸还采取了所谓"三系统"的设计方式，其硬件主要由三部分组成，即外网处理单元、内网处理单元和仲裁处理单元（或仲裁机），各单元之间使用隔离安全数据交换单元连接。

### 2．网闸与防火墙的区别

首先，防火墙是访问控制类产品，它不能实现完全隔离，必须在网络互通的情况下进行访问控制。防火墙工作依赖于 TCP/IP 协议，在网络层对数据包进行安全检查，因此无法保证数据安全性；而网闸是在网络断开的情况下，以非网络方式进行数据交换，实现信息的共享。网闸数据交换不依赖于 OSI 模型，通过隔离硬件将内/外网络在链路层断开，由仲裁系统在内/外网对应节点上进行切换，在剥离协议并重新封装原始数据后，对硬件上的存储芯片进行读/写来完成数据的交换，因此网闸实现了内/外网的完全隔离。

其次，防火墙常用于保证网络层安全的边界安全（如 DMZ 区），而网闸主要保护内部网络的安全。防火墙通常用网络地址翻译及存取列表来限定某个地址范围或端口协议的访问。而网闸能够很好地解决高性能、高安全性、易用性之间的矛盾，网闸无须升级即可防止入侵，它切断所有的 TCP 连接，包括 UDP、ICMP 等其他各种协议，使各种木马程序无法通过网闸进行通信。

### 3．网闸的应用

网闸可以适用于多种行业应用，在不同网络之间实行实时的数据交换。根据市场的需求，国内/外有很多厂商推出了网闸产品，其各有特点，能够实现对数据内容严格过滤和摆渡交换。典型应用于内部网络和 Internet 之间、涉密网络和普通内网之间、涉密网络的不同安全域之间及非涉密网络与公共网络之间等。为保密、公安、税务、交通、银行、媒体、证券、军队、电信、教育、企业等行业提供了安全、高效、可靠的数据隔离交换服务。

（1）电子政务的应用

国家政府相关部门明确要求政务内网与政务外网之间应进行物理隔离，确保政务内网的网络安全，预防内部工作人员有意或无意地泄露国家机密、避免遭受外部黑客的攻击和入侵。 但是，由于政务内网与互联网络彻底隔离，为内网的工作人员通过互联网进行适度的查阅资料、收发邮件和浏览新闻等带来诸多不便。

通过物理隔离网闸，为政务内网的授权工作人员提供最小化的互联网访问服务，可以有效阻止内部工作人员在访问互联网时，通过政务内网泄露内网的机要信息，并从物理上阻断外部黑客侵入到政务内网之中，能够在确保政务内网安全的同时，为内网工作人员提供必要的互联网单向访问服务或双向访问服务，有效地解决了政务内部因为物理隔离所带来的诸多不便，极大地提高了内部工作人员的办事效率。

（2）公安行业的应用

公安厅治安管理信息中心电子政务网络是公安厅治安管理信息中心信息交互的重要平台。由于公安业务不断推广，各个照相制证中心需要把每张照片上报到公安网的人员信息服务器，为保护内网的安全，需要使用网闸设备实现各个照相制证中心与内网之间的物理隔离，最大程度地保护公安内网的安全。同时，在公安部门其他业务如移动警务、人口资源管理、交警网络、消防网络之间的安全隔离都得到了很好的应用。

（3）金融行业的应用

银行在日常的业务处理过程中，随着网上银行等相关业务的拓展，银行内部的相关系统需要跟外网进行数据的访问和交换，这就需要确保网络信息的完整性和正确性，尤其要防范外部恶性行为入侵银行的网络环境。为确保网络数据的完整性，银行将内部网络系统与外部网络隔离，除特殊部门的工作人员可访问外部网资源之外，其他人员均不能访问。

（4）医疗行业的应用

医疗行业对网闸的应用需求也十分广泛，医院各个部门如门诊收费人员、药房管理人员、医生和行政管理人员通过中心交换机实现网络的互联和对医院内部服务器的访问，门诊收费处通过 DDN 专线可以访问社保网。

从管理和技术角度上，建立多层安全体系，保证局域网信息和各应用系统的安全性、保密性。在保持内/外网络物理隔离的同时，进行适度、可控的内/外网络数据交换。保护医院收费服务器、药房管理服务器及病区管理服务器等的安全，实现隔离，防止外网黑客的攻击。

对医院各个部门人员上网进行身份认证控制，并实现分组管理，如门诊收费人员只允许访问内网服务器和社保网，禁止访问互联网；护士站、药房管理人员只允许访问内网服务器，禁止访问互联网；医生及行政人员既可以访问内网服务器，也可以访问互联网；详细记录每个人员上网的日志，做到有案可查。这些都可以利用网闸的功能来实现，大大提高了工作中数据转换的安全。

（5）军队（军工）行业的应用

军队行业严格来说是属于涉密的网络，一般应用分为内部办公网、内部专用网和互联网，也有些军队单位有用于生产控制的网络或者具有特定应用的小型局域网。三个网络之间要求物理隔离。内部办公网主要用于军队内部实现办公自动化和内部业务；内部专用网一般用于军工系统网络，该网络既可以实现系统办公自动化、信息共享、科研教学等，也可以实现业务控制、生产控制等应用。外网直接和互联网连接，是内部用户和外界信息交流和共享的重要途径。对于科研生产用的网络，主要是用于军队科研生产的自动控制系统、ERP 系统、PDM 系统，甚至是武器装备控制系统等。其所有的网络，不管是内网、专网、外网和科研生产控制网等，都必然构成军队网络系统的一个整体，不同网络的相互关联和区别对于网络安全特别是涉密网络的安全具有重要作用。因此军队专网和内网的安全是头等重要的问题。

## 3.3.5　UTM 网关

UTM（Unified Threat Management，统一威胁管理），2004 年 9 月，IDC（International Data Corporation，国际数据公司）首度提出这一概念，将防病毒、防火墙和入侵检测等概念融合到被称为"统一威胁管理"的新类别中，该概念引起了业界的广泛重视，并推动了以整合式安全设备为代表的市场细分的诞生。具体而言，UTM 是指由硬件、软件和网络技术组成的具有专门用途的设备，它主要提供一项或多项安全功能，将多种安全特性集成于一个硬件设备里，构成一个标准的统一管理平台。

UTM 设备应该具备的基本功能包括网络防火墙、网络入侵检测/防御和网关防病毒功能。虽然 UTM 集成了多种功能，却不一定要同时开启，根据不同用户的不同需求及不同的网络规模，UTM 产品分为不同的级别。也就是说，如果用户需要同时开启多项功能，则需要配置性能比较高、功能比较丰富的产品。

UTM 的出现是网络安全形势发展的需要。随着时间的演进，信息安全威胁开始逐步呈现出网络化和复杂化的态势，各种攻击纷至沓来，网络用户穷于应付。传统的防病毒软件只能用于防范计算机病毒，防火墙只能对非法访问通信进行过滤，而入侵检测系统只能被用来识别特定的恶意攻击行为。在一个没有得到全面防护的计算机设施中，安全问题的炸弹随时都有爆炸的可能，用户必须针对每种安全威胁部署相应的防御手段，既使是一个多种设备构成的全面防御体系也无法保证用户能免受安全的困扰，在这种背景下，一个综合各种安全特性的单一硬件设备 UTM，应运而生。

目前国内市场有多款 UTM 设备，主要有 H3C SecPath UTM、天融信 TopGate（UTM）、启明星辰天清汉马 USG、蓝盾 4d-UTM 等。除了防火墙、入侵检测、防病毒功能外，还提供 VPN、入侵防御（IPS）、上网行为管理、内网安全、反垃圾邮件、抗拒绝服务攻击（Anti-DoS）、内容过滤、网页过滤、漏洞防护、P2P 管理等多种安全功能。

UTM 的优点主要有如下三个方面。

（1）整合带来成本降低

将多种安全功能整合在同一产品中让这些功能组成统一的整体发挥作用，相比于单个功能的累加功效更强，颇有一加一大于二的意味。现在很多组织特别是中小企业用户受到成本限制而无法获得令人满意的安全解决方案，UTM 产品有望解决这一困境。包含多个功能的 UTM 安全设备价格较之单独购买这些功能设备要低，这使得用户可以用较低的成本获得相比以往更加全面的安全防御设施。

（2）信息安全工作强度降低

由于 UTM 安全产品可以一次性获得多种产品的功能，并且只要插接在网络上就可以完成基本的安全防御功能，所以在部署过程中可大大降低工作强度。另外，UTM 安全产品的各个功能模块采用同样的管理接口，并具有内建的联动能力，所以在使用上也更简单。同等安全需求条件下，UTM 安全设备的数量要低于传统安全设备，无论是厂商还是网络管理员都可以减少服务和维护方面的工作量。

（3）技术复杂度降低

由于在 UTM 安全设备中装入了很多的功能模块，这些功能的协同运作无形中降低了掌握和管理各种安全功能的难度及用户误操作的可能。对于没有专业信息安全人员及技术力量相对薄弱的组织来说，使用 UTM 产品可以提高这些组织应用信息安全设施的质量。

UTM 的缺点也很明显，主要有如下四个方面。

（1）处理能力分散

总体而言，将防病毒、入侵检测和防火墙等 $N$ 个网络安全产品功能集中于一个设备中，必然导致每一个安全功能只能获得 $N$ 分之一的处理能力和 $N$ 分之一的内存，因此每一个功能都较弱。

（2）网关防御有弊端

网关防御在防范外部威胁时非常有效，但是在面对内部威胁时就无法发挥作用了。有很多资料表明造成组织信息资产损失的威胁大部分来自组织内部，所以以网关型防御为主的 UTM 设备同样存在防火墙的一些局限性，无法防范来自内部的攻击。

（3）过度集成有风险

将所有功能集成在 UTM 设备当中使抗风险能力有所降低，黑客攻击可以集中在 UTM 一个设备上，一旦该 UTM 设备出现问题，将导致所有的安全防御措施失效。UTM 设备的安全漏洞也会造成相当严重的损失。

（4）性能和稳定性

尽管很多专门的软/硬件技术能够提供足够的性能，但是在同样的空间下实现更高的性能输出还是会对系统的稳定性造成影响。目前 UTM 安全设备的稳定程度相比传统安全设备来说仍有不少需改进之处。

## 3.4 项目实训

### 3.4.1 网络监听

**实训任务**

使用 Sniffer Pro 进行网络嗅探，捕获 HTTP 报文和 ICMP 报文并分析。

**实训目的**

（1）掌握网络监听工具的使用方法；

（2）理解网络监听的原理；

（3）掌握在交换式网络中进行网络监听的方法。

**实训步骤**

**1．安装 Sniffer Pro**

Sniffer Pro 的安装过程较为烦琐，需要用户在安装的过程中填写一些姓名、公司、职业及产品序列号等信息，安装完成后需要选择合适的适配器，用户需要正确地选择进行网络嗅探的网卡，这样 Sniffer Pro 才能将网卡设置为"杂乱"模式，以便于接受网络上的所有数据包。安装过程此处不作赘述。

**2．配置**

配置过滤器，只捕获与指定 IP（根据情况指定，此处以 192.168.1.5 为例）相关的 HTTP报文和 ICMP 报文。单击菜单"Caputre"→"Define Filter"→"Advanced"，再选中"IP"→"TCP"→"HTTP、IP"→"ICMP"，并设置 IP 地址 192.168.1.5<—>Any，如图 3-14、3-15 所示。

图 3-14　设置过滤协议

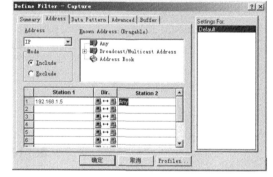

图 3-15　设置过滤 IP 地址

设置完成后，开启扫描，在主机 192.168.1.5 上，访问几个网站，并 Ping 其 IP，以便查看结果（为了更好地分析，可以设置过滤器分两次捕获 HTTP、ICMP 报文，并进行分析）。

**3．分析结果，并完成实训报告**

## 3.4.2　数据包过滤

数据包过滤是防火墙最基本、最简单的功能，路由器也可以完成数据包过滤的工作，这就要配置访问控制列表 ACL，本次实训使用 Packet Tracer 模拟配置路由器，实现数据包过滤功能。

**实训任务**

在 Packet Tracer 上配置路由器 ACL 进行数据包过滤。

**实训目的**

（1）掌握 Packet Tracer 的使用方法；

（2）理解访问控制列表的原理和配置方法；

（3）掌握 Packet Tracer 分析数据包协议的方法。

**实训步骤**

**1．安装 Packet Tracer（安装过程略）**

Packet Tracer 是由 Cisco 公司发布的一个辅助学习工具，为学习思科网络课程的初学者设计、配置、排除网络故障提供了网络模拟环境。用户可以在软件的图形用户界面上直接使用拖曳方法建立网络拓扑，并可提供数据包在网络中的详细处理过程，观察网络实时运行情况。目前最新的版本是 Packet Tracer 7.0。

**2．搭建实训环境，明确实训要求**

实训拓扑如图 3-16 所示，PC 连接路由器的 Fa0/0 端口，Server 连接路由器的 Fa1/0 端口，要求：① 连接设备；② 配置路由器各端口 IP 和主机 IP 地址；③ 配置 ACL，实现禁止 PC Ping 服务器 Server，但服务器能 Ping 通 PC，允许 PC 访问 Server 的 HTTP 页面，禁止 PC Telnet 服务器。

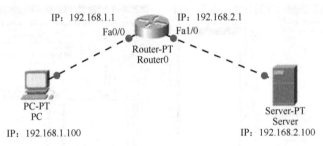

图 3-16　实训拓扑

**3．配置主机 IP 地址**

根据实训要求，配置主机地址如下。

| PC： | | | Serve： | | |
| --- | --- | --- | --- | --- | --- |
| | IP： | 192.168.1.100 | | IP： | 192.168.2.100 |
| | Submask： | 255.255.255.0 | | Submask： | 255.255.255.0 |
| | Gateway： | 192.168.1.1 | | Gateway： | 192.168.2.1 |

**4．配置路由器**

```
Router>enable
Router#configure terminal
Router (config) #interface fa 0/0
Router (config-if) #ip address 192.168.1.1 255.255.255.0
Router (config-if) #no shutdown
Router (config-if) # interface fa 1/0
Router (config-if) #ip address 192.168.2.1 255.255.255.0
```

```
Router (config-if) #no shutdown
Router (config-if) #exit
```

配置完 IP 地址，尝试 PC 与 Server 互 Ping，由于只有一台路由器，不需要设置任何路由信息，就可以相互联通，都能 Ping 通。下面配置访问控制列表 ACL，ACL 分为标准和扩展两种，一个标准 IP 访问控制列表匹配 IP 包中的源地址或源地址中的一部分，可对匹配的包采取拒绝或允许两个操作。扩展 IP 访问控制列表比标准 IP 访问控制列表具有更多的匹配项，包括协议类型、源地址、目的地址、源端口、目的端口、建立连接和 IP 优先级等。在路由器的特权配置模式下输入"access-list ?"，可以看到如下结果：

```
Router (config) #access-list ?
<1-99>     IP standard access list
<100-199>  IP extended access list
```

可见编号范围从 1 到 99 的访问控制列表是标准 IP 访问控制列表，编号范围从 100 到 199 的访问控制列表是扩展 IP 访问控制列表。

由于实训要求的控制粒度达到协议（端口）级别，所以需要配置扩展 ACL，这里使用编号 100。

```
Router (config) #access-list 100 permit tcp host 192.168.1.100 host
192.168.2.100 eq www
    //允许主机 192.168.1.100 访问主机 192.168.2.100 的 TCP 连接中的 www 服务
Router (config) #access-list 100 deny tcp host 192.168.1.100 host
192.168.2.100 eq telnet
    //禁止主机 192.168.1.100 访问主机 192.168.2.100 的 TCP 连接中的 telnet 服务
Router (config) #access-list 100 deny icmp host 192.168.1.100 host
192.168.2.100 echo
    //禁止主机 192.168.1.100 向主机 192.168.2.100 发送 icmp echo 报文（禁止主动
ping）
Router (config) #access-list 100 permit icmp host 192.168.1.100 host
192.168.2.100 echo-reply
    //允许主机 192.168.1.100 向主机 192.168.2.100 发送 icmp echo-reply 报文（允许应
答 ping）
Router (config) #interface fa 0/0
Router (config-if) #ip access-group 100 in
    //在端口 fa 0/0 的进栈方向应用 acl-100
```

经过上述配置，已经实现实训配置要求。

**5. 验证**

分别验证 PC Ping 服务器 Server、Server Ping PC、PC 访问 Server 的 HTTP 页面、PC 尝试 Telnet 服务器等操作，记录访问结果并截图。

**6. 完成实训报告**

### 3.4.3 搭建 VPN

VPN 是实现保密通信的基本手段，在 Windows 系统上，可以直接进行 VPN 服务的搭建，本实训就是在 Windows 系统上实现 VPN 的连接。

**实训任务**

基于 Windows 实现 VPN 的连接。

**实训目的**

（1）掌握基于 Windows 实现 VPN 连接的方法；

（2）掌握 VPN 技术原理及特点，熟悉常用的 VPN 隧道协议；

（3）熟悉常用的 VPN 技术。

**实训步骤**

**1．规划实训环境和网络拓扑**

为保证实训环境的适应性，本次实训使用虚拟机进行。如图 3-17 所示，运行两台虚拟机，一台使用 Windows 2003 server；一台使用 Windows XP，分别使用 VPN 服务器和客户端，如图 3-17 所示。这里将 192.168.1.0/24 作为外网网段，172.16.1.0/24 作为内网网段。

作为 VPN 服务器的 Windows 2003 server，需要添加一块网卡用于连接内部权限子网的端口。添加方式：单击"虚拟机设置"→"添加硬件向导"中选择硬件类型"网络适配器"选项，适配器模式选择"NAT"选项，单击"确定"按钮添加一块网卡。如果系统中看不到新添加的网卡，只需将虚拟机重新启动即可。

图 3-17　实训环境网络拓扑

**2．配置 VPN 服务器**

Windows 2003 server 系统中，选择"开始"→"程序"→"管理工具"→"选择路由和远程访问"，其配置步骤如下。

① 在本地服务器上单击右键，选择"配置并启用路由和远程访问"选项，如图 3-18 所示。

② 在公共配置中选择"虚拟专用网络（VPN）访问和 NAT"选项，然后单击"下一步"按钮，如图 3-19 所示。

③ 指定服务器与外网相连接的网卡，如图 3-20 所示。

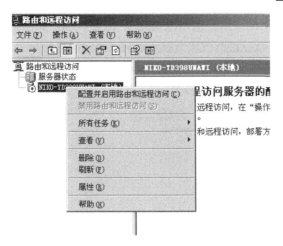

图 3-18 配置并启用路由和远程访问

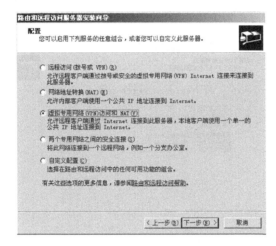

图 3-19 选择配置 VPN 服务器

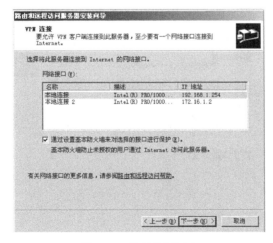

图 3-20 选择外网网卡

④ 选择远程客户的 IP 地址来源，如图 3-21 所示。

⑤ 启用基本名称和地址转换服务，如图 3-22 所示。

⑥ 系统提示将从外网网卡所在的网段指定 IP 给客户端，如图 3-23 所示。

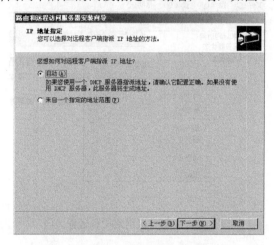

图 3-21　选择远程客户的 IP 地址来源

图 3-22　启用基本名称和地址服务

图 3-23　地址指派范围

⑦ 为了对客户端进行身份验证，可以设置一个 RADIUS 服务器，也可以用 VPN 服务器

来进行验证，如图 3-24 所示。

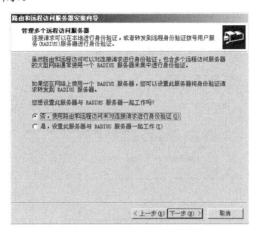

图 3-24 选择身份验证

⑧ 单击"下一步"按钮后就可以看到正在完成初始化的过程，完成后就可以接受 VPN 客户端的拨入了。在服务列表中路由和远程访问已经启动，如图 3-25 所示。

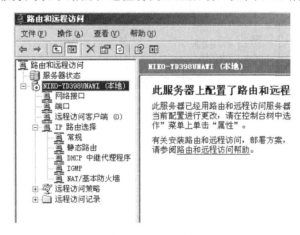

图 3-25 配置完成

**3．VPN 网络客户端的配置**

在虚拟机 XP 系统中（在物理机上也可以）进行配置。

① 右键单击"网上邻居"→"属性"→"新建连接"，选择连接到工作区。

② 选择通过 Internet 连接到专用网络，然后进入下一步。

③ 输入 VPN 服务器的 IP 地址，即 192.168.1.254，进入下一步。

④ 在出现的 VPN 连接窗口中，填入 VPN 服务器上的允许远程拨入的用户名和密码。连接成功后会在右下角的任务栏处有一个网络连接图标。

回到 Windows 2003 server 系统中，右键单击"VPN 服务器"→"属性"，在"安全"选项卡中看到身份验证提供程序是"Windows 身份验证"，如图 3-26 所示。

在"计算机管理"→"本地用户和组"中，如图 3-27 所示，新建用户、设置密码，如图 3-28 所示，并设定属性为允许远程访问，如图 3-29 所示。这样就设定好账号和密码了，在 Windows XP 系统中 VPN 客户端输入账号密码即可登录。

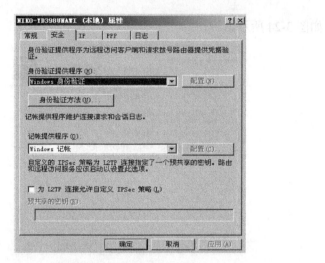

图 3-26  VPN 服务器属性

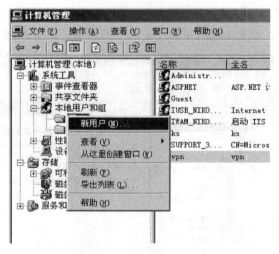

图 3-27  进入计算机管理界面添加用户

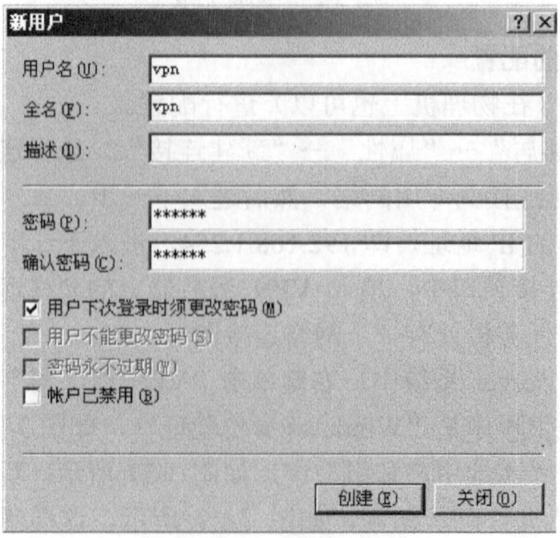

图 3-28  添加新用户

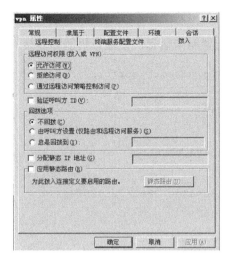

图 3-29　设置用户的远程访问权限

**3．远程访问 VPN 的检测**

在 VPN 客户端通过 VPN 服务器连接以后，VPN 客户机的系统运行 cmd 命令执行 ipconfig 可以查看到客户机已经获取的新地址与内部网络一致了。此时在 Windows XP 系统下可以看到有一块新加的虚拟网卡，IP 是自动分配的 172.16.1.0/24 网段地址（如果地址不是在这个网段，而是随机指派的其他地址，只需要在图 3-26 中"IP"选项卡下设置静态地址池为 172.16.1.0/24 网段，就可以了），也可以在 VPN 服务器的路由和远程管理端口和远程访问客户端中看到有用户已经连接了。

**4．完成实训报告**

根据实训过程，完善实训报告，分析实训中遇到的问题和解决方法，并分析 VPN 连接建立后，网络报文的数据流向。

## 3.4.4　Snort 安装与配置

Snort 是免费 NIPS 及 NIDS 软件，具有对数据流量分析和对网络数据包进行协议分析处理的能力，通过灵活可定制的规则库（Rules），可对处理的报文内容进行搜索和匹配，能够检测出各种攻击，并进行实时预警。

Snort 支持三种工作模式：嗅探器、数据包记录器、网络入侵检测系统，支持多种操作系统，如 Fedora、CentOS、FreeBSD、Windows 等，本次实训使用 CentOS 7 系统安装 Snort 3。

**实训任务**

在 CentOS 7 系统上安装 Snort 3 并配置规则。

**实训目的**

（1）掌握在 CentOS 7 系统上安装 Snort 3 的方法；

（2）深刻理解入侵检测系统的作用和用法；

（3）明白入侵检测规则的配置。

**实训步骤**

**1．安装 CentOS 7 Minimal 系统**

安装过程不做过多叙述，这里配置 2GB 内存，20GB 硬盘。

## 2. 基础环境配置

根据实际网络连接情况配置网卡信息，使虚拟机能够连接网络。

```
# vi /etc/sysconfig/network-scripts/ifcfg-eno16777736
TYPE="Ethernet"
BOOTPROTO="static"
DEFROUTE="yes"
IPV4_FAILURE_FATAL="no"
NAME="eno16777736"
UUID="51b90454-dc80-46ee-93a0-22608569f413"
DEVICE="eno16777736"
ONBOOT="yes"
IPADDR="192.168.88.222"
PREFIX="24"
GATEWAY="192.168.88.2"
DNS1=114.114.114.114
~
```

安装 Wget，准备使用网络下载资源：

```
# yum install wget -y
```

将文件 CentOS-Base.repo 备份为 CentOS-Base.repo.backup，然后使用 Wget 下载阿里 Yum 源文件 CentOS-7.repo：

```
# mv /etc/yum.repos.d/CentOS-Base.repo /etc/yum.repos.d/CentOS-Base.repo.backup
#wget  -O  /etc/yum.repos.d/CentOS-Base.repo  http://mirrors.aliyun.com/repo/
Centos-7.repo
```

更新 Yum 源，并缓存：

```
# yum clean all
# yum makecache
# yum -y update
```

## 3. 安装 Snort

安装 epel 源：

```
# yum install -y epel-release
```

经过前面的设置，源更新升级后，将能够很顺利地完成安装。

```
#yum install gcc flex bison zlib zlib-devel libpcap libpcap-devel pcre
pcre-devel libdnet libdnet-devel tcpdump
```

安装 Snort&daq：可以使用网络源。

```
https://www.snort.org/downloads/snort/daq-2.0.6-1.centos7.x86_64.rpm
```

```
https://www.snort.org/downloads/snort/snort-2.9.9.0-1.centos7.x86_64.rpm
```

如果安装太慢，可先下载文件，再进行安装。

这里看到是将文件下载到/opt/目录，本地安装速度。

```
# yum install /opt/
daq-2.0.6-1.centos7.x86_64.rpm
snort-2.9.11.1-1.centos7.x86_64.rpm
```

在安装 Snort 时，容易出错，出现提示：

```
Error: Package: 1:snort-2.9.11.1-1.x86_64 (/snort-2.9.11.1-1.centos7.x86_64)
           Requires: libnghttp2.so.14()(64bit)
 You could try using --skip-broken to work around the problem
 You could try running: rpm -Va --nofiles - nodigest
```

一般经过重新安装 epel 源之后，再次尝试安装 Snort，就会成功。

```
#yum install epel-release - y
# yum install /opt/snort-2.9.11.1-1.centos7.x86_64.rpm
```

#### 4．下载规则

Snort 官方提供的三种下载规则：Community rules、Registered rules、Subscriber rules，第一种不用注册不用购买；第二种用注册不用购买，第三种用购买。这里使用第一种 Community rules。

下载、解压、存放在 rules 目录。

先进入存放 rules 目录:

```
#cd /etc/snort/rules
```

再解压缩文件，注意文件路径要与所存放的压缩包位置一致:

```
#tar -zxvf /opt/community-rules.tar.gz
```

#### 5．配置 Snort

创建需要的文件和目录，在前面的操作中，有些目录已经自动创建好了。

```
#mkdir /etc/snort
#mkdir /var/log/snort
#mkdir /usr/local/lib/snort_dynamicrules
#mkdir /etc/snort/rules
```

编辑配置文件：# vi /etc/snort/snort.conf。

找到 var RULE_PATH ../rules 及相邻的四条配置信息，修改路径变量为:

```
var RULE_PATH /etc/snort/rules
var SO_RULE_PATH /etc/snort/so_rules
var PREPROC_RULE_PATH /etc/snort/preproc_rules
var WHITE_LIST_PATH /etc/snort/rules
```

```
        var BLACK_LIST_PATH /etc/snort/rules
```

设置 log 目录，找到#config logdir: 修改为 config logdir: /var/log/snort。

配置输出插件，找到关键词#output unified2: filename，将这一整行改为：output unified2: filename snort.log，limit 128。

保存，并退出。

### 6. 测试 Snort

#snort -T -i eth0 -c /etc/snort/snort.conf，如果出现"Snort successfully validated the configuration!"就表示配置成功。

### 【课后习题】

**一、选择题**

1. 为防止企业内部人员对网络进行攻击的最有效手段是（　　）。

 A. 防火墙  B. VPN  C. 网络入侵监测  D. 加密  E. 漏洞评估

2. 某入侵监测系统收集关于某个特定系统活动的情况信息，其属于（　　）类型。

 A. 应用软件入侵    B. 主机入侵

 C. 网络入侵     D. 集成入侵

3. 虚拟专用网（VPN）技术是指（　　）。

 A. 在公共网络中建立专用网络，数据通过安全的"加密管道"在公共网络中传播

 B. 在公共网络中建立专用网络，数据通过安全的"加密管道"在私有网络中传播

 C. 防止一切用户进入的硬件

 D. 处理出入主机的邮件服务器

4. 漏洞评估是指（　　）。

 A. 检测系统是否已感染病毒

 B. 在公共网络中建立专用网络，数据通过安全的"加密管道"在公共网络中传播

 C. 通过对系统进行动态的试探和扫描，找出系统中各类潜在的弱点，给出相应的报告，建议采取相应的补救措施或自动填补某些漏洞

 D. 置于不同网络安全域之间一系列部件的组合，是不同网络安全域间通信流的唯一通道，能根据企业有关安全政策控制进出网络的访问行为

 E. 主要是监控网络和计算机系统是否出现被入侵或滥用的征兆

5. 防火墙（Firewall）是指（　　）。

 A. 防止一切用户进入的硬件

 B. 置于不同网络安全域之间的一系列部件的组合，是不同网络安全域间通信流的唯一通道，能根据企业有关安全政策控制进出网络的访问行为

 C. 记录所有访问信息的服务器

 D. 处理出入主机的邮件服务器

6. （　　）试图通过对 IP 数据包进行加密，从根本上解决 Internet 的安全问题。同时又是远程访问 VPN 网的基础，可以在 Internet 上创建出安全通道来。

 A. 安全套接层协议  B. 传输层安全协议

 C. IPSec 协议    D. SSH 协议    E. PGP 协议

## 二、简答题

1．云基础设施安全包含哪两个层面？分别涉及哪些内容？

2．简要叙述物理安全的重要性。

3．说明常用网络安全设备防火墙、入侵检测等在云计算系统中的作用。

4．安全协议有哪些？分别属于哪个层次？与 VPN 有什么关系？

# 第4章 虚拟化安全

学习目标

☑ 了解虚拟化技术的概念；

☑ 理解主机、网络、存储虚拟化的概念；

☑ 了解各类虚拟化面临的安全威胁；

☑ 理解虚拟化安全解决的办法；

☑ 掌握主机、网络、存储虚拟化的操作。

没有虚拟化，就没有云。虚拟化不只是一个创建虚拟机的工具，云计算的所有内容都构建于资源池之上，虚拟化技术就是将各种软/硬件资源逻辑表示为资源池，并进行协调管理。对云计算来说，更关注创建资源池虚拟化的特定方面，如计算、网络、存储和容器等。这不是虚拟化仅有的类别，而是和云计算最为相关的内容。

了解虚拟化对安全性的影响，是正确构建和实施云安全的基础。

## 4.1 主机虚拟化安全

计算虚拟化从底层硬件抽象出代码运行（包含操作系统），而不是直接从硬件运行。代码运行于抽象层之上可以实现更灵活的应用，如在同一硬件上运行多个操作系统（虚拟机）。虚拟机是最常用的计算虚拟化之一，容器和某些类型的无服务器基础设施也属于计算虚拟化，但不会像虚拟机一样抽象出完整的操作系统。

虚拟化技术的实现形式是在系统中加入一个虚拟化层，负责将下层的资源抽象成另一形式的资源提供给上层使用，通过空间的分割、时间的分时及模拟，虚拟化可将一份资源抽象成多份，反过来说，也可以将多份资源抽象成一份。

主机虚拟化抽象的粒度是整个主机。随着近年来处理器技术和性能的迅猛发展，尤其是硬件虚拟化技术的诞生（如 Intel VT 和 AMD SVM 等），主机虚拟化技术已日趋成熟并得到广泛应用，成为云计算的核心技术。越来越多的厂商，包括 VMware、Citrix、微软、Intel、Cisco 等都推出了若干基于主机虚拟化技术的产品。

### 4.1.1 主机虚拟化技术

#### 1. 主机虚拟化的概念

主机虚拟化是指一台物理主机虚拟化为多个虚拟机，每个虚拟机（Virtual machine）拥有自己的虚拟硬件和独立的虚拟机执行环境。通过虚拟化层的模拟，虚拟机认为自身独占整个硬件资源，如图 4-1 所示。

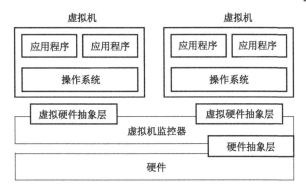

图 4-1 主机虚拟化示意

主机虚拟化架构由物理主机、虚拟化层和运行在虚拟化层上的虚拟机组成。物理主机是由物理硬件（如处理器、内存和 I/O 设备等）所组成的物理机器；虚拟化层称作 Hypervisor 或者虚拟机监视器（Virtual Machine Monitor，VMM），它的主要功能是将物理主机的硬件资源进行调度和管理，并将其分配给虚拟机，管理虚拟机与物理主机之间资源的访问和交互。虚拟机则是运行在虚拟化层软件之上的各个客户机操作系统（在虚拟化中，物理资源通常被称作宿主 Host，而虚拟出来的资源通常被称作客户 Guest），用户可以像使用真实计算机一样使用其完成工作。对于虚拟机上的各个应用程序来说，虚拟机就是一台真正的计算机。

**2．主机虚拟化的特性**

主机虚拟化的主要挑战在于如何合理地分配一台物理主机的资源给多个虚拟机，如何确保多个虚拟机的运行不发生冲突，如何管理一个虚拟机和其拥有的各种虚拟资源，如何使虚拟化系统不受硬件平台的限制。而这些与传统资源利用的不同也正是主机虚拟化技术的特性所在。主机虚拟化通过把处理器、内存、磁盘和 I/O 设备等硬件资源转变为可以动态管理的资源池，主要有五个特性。

（1）多实例共用物理资源

通过主机虚拟化技术，实现了从一个物理主机一个操作系统实例到一个物理主机多个操作系统实例的转变。这样就可以把主机的物理资源进行逻辑整合，供多个操作系统实例使用。虚拟机监控器可以根据实际需要实时把硬件资源动态分配给不同的虚拟机实例，根据虚拟机实例的功能划分资源比重，对物理资源进行可控调配。与单主机单操作系统的传统服务模式相比，多实例特性可将有限的资源最大化利用，同时也节省了人力成本。

（2）封装提供多样性操作

主机虚拟化使得每个虚拟机实例的运行环境与硬件无关，每台虚拟机就是一台独立的个体，可以实现计算机的所有操作。以虚拟机为粒度的封装使得虚拟机运行环境的保存非常容易，提供了诸如虚拟机快照、虚拟机克隆和虚拟机挂起等丰富的功能。

（3）隔离性保证互不影响

主机虚拟化提供了若干以虚拟机为粒度的隔离执行环境。每个虚拟机可以采用不同的操作系统，因此虚拟机相互独立。在某个虚拟机出现问题时，这种隔离机制可以保障其他虚拟机不会受其影响。

（4）资源利用率高

在一个主机上运行多个虚拟机使资源调度更为优化，不同的虚拟机有不同的繁忙和空闲时段，忙闲交错使得主机的系统资源利用率大幅提高，大大降低了硬件成本。

（5）安全性增强

由于 Hypervisor 是最高的特权级软件层，在该层添加的安全功能可以更好地增强虚拟机的安全性。如利用 Hypervisor 实现的入侵检测可保证虚拟机的监测追踪不会被绕过。

### 3. 主机虚拟化的关键技术

Hypervisor 对物理资源的虚拟化可归结为三个主要任务：处理器虚拟化、内存虚拟化和 I/O 虚拟化。

（1）处理器虚拟化

处理器虚拟化是主机虚拟化的核心部分，由于内存和 I/O 操作的指令都是敏感指令，因此对于内存虚拟化和 I/O 虚拟化的实现都是依赖于 CPU 虚拟化而完成的。所谓敏感指令，是指原本需要在操作系统最高特权级下执行的指令，这样的指令不能在虚拟机内直接执行，而要交由 Hypervisor 处理，并将结果重新返回给虚拟机。处理器虚拟化的目的就是让虚拟机中执行的敏感指令能够触发异常而陷入 Hypervisor 中，并通过 Hypervisor 进行模拟执行。例如，当前主流的 x86 体系结构，处理器拥有四个特权级，分别是 Ring 0、Ring 1、Ring 2 和 Ring 3，运行特权级依次递减。其中位于用户态的应用程序运行在 Ring 3 上，而位于内核态的代码需要对 CPU 的状态进行控制和改变，需要较高的特权级，所以其运行在 Ring 0 上。在 x86 体系结构中实现虚拟化时，由于虚拟化层需要对虚拟机进行管理和控制，如果 Hypervisor 运行在 Ring 0 上，则客户机操作系统只能够运行在低于 Ring 0 的特权级别。但在客户机操作系统中的某些特权指令，需要 Ring 0 特权级，否则会出现语义冲突导致指令不能够正常执行。解决这类冲突有两种方案，分别是全虚拟化（Full-virtualization）和类虚拟化（Para-virtualization）。

全虚拟化与类虚拟化解决方案都是通过软件方式来完成的虚拟化，存在一定的性能开销，增加了系统开发维护的复杂性。为了解决以上问题，产生了通过硬件来辅助完成处理器虚拟化的方式，即硬件辅助虚拟化技术。当今两大主流的硬件厂商 Intel 公司和 AMD 公司分别推出了各自的硬件辅助虚拟化技术 Intel VT 和 AMD-V。

（2）内存虚拟化

物理内存是一段连续分配的地址空间，Hypervisor 同虚拟机共享物理机的内存地址空间。由于虚拟机对于内存的访问是随机的，并且又需要保证虚拟机内部的内存地址是连续的，因此，Hypervisor 需要合理映射虚拟机内部的地址到物理机真实内存的地址。Hypervisor 对物理机上的内存进行管理，并根据每个虚拟机对内存的需求进行合理分配。所以，从虚拟机中看到的内存并不是真正意义的物理内存，而是经过 Hypervisor 管理的虚拟物理内存。在内存虚拟化当中，存在着虚拟机虚拟地址空间、虚拟机物理地址空间和真实物理机地址空间三种类型，如图 4-2 所示。

在内存虚拟化中，虚拟机虚拟地址与真实物理主机地址之间的映射是通过内存虚拟化中的内存管理单元来完成的。现阶段，内存虚拟化的实现方法主要有三种，分别是影子页表（对于软件全虚拟化）、扩展页表（硬件辅助虚拟化）和直接页表（类虚拟化）等。

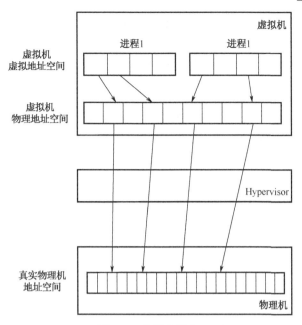

图 4-2　内存虚拟化

（3）I/O 虚拟化

真实物理主机上的外设资源是有限的，为了使多台虚拟机能够使用这些外设资源，就需要 Hypervisor 通过 I/O 虚拟化来对这些资源进行有效的管理。Hypervisor 通过截获虚拟机操作系统对外部设备的访问请求，再通过软件方式来模拟真实的外设资源，从而满足多个虚拟机对外设的使用要求。

Hypervisor 通过软件的方式模拟出来的虚拟设备可以有效地模拟物理设备的动作，并将虚拟机的设备操作转译给物理设备，同时将物理设备的运行结果返回给虚拟机。对于虚拟机而言，它只能够察觉到虚拟化平台提供的模拟设备，而不能直接对物理外设进行访问，所以这种方式所带来的好处就是，虚拟机不会依赖于底层物理设备的实现。I/O 虚拟化的实现主要有全设备模拟、前端/后端设备模拟和设备直接分配三种方式。

## 4.1.2　主机虚拟化安全威胁

随着虚拟化技术的广泛应用，针对虚拟化架构的安全威胁和攻击手段日益增多，主机虚拟化面临的主要安全威胁有：虚拟机信息窃取和篡改、虚拟机逃逸、Rootkit 攻击、分布式拒绝服务攻击和侧信道攻击等。

### 1. 虚拟机信息窃取和篡改

虚拟机本身不具有物理形态，大多数虚拟机管理工具将每个虚拟机的虚拟磁盘内容以文件的形式存储在主机上，这就使得虚拟机能够很容易地被迁移出物理主机。对使用者来说，这是一个很方便的特点，能够轻松快速地将虚拟机环境在其他物理主机上重建。同样，对攻击者来说也是如此。攻击者可以在不用窃取物理主机或硬盘的情况下，通过网络将虚拟机从原有环境迁出，或者将虚拟机复制到一个便携式存储介质中带走。一旦攻击者能够直接访问到虚拟磁盘，就有足够的时间来攻破虚拟机上所有的安全机制，如使用离线字典攻击破解出密码，进而能够访问虚拟机中的数据。由于攻击者访问的只是虚拟机的一个副本，而非真正的虚拟机本身，因此在原来的虚拟机上是不会显示任何入侵记录的。另外，如果物理主机没有受到有效的安全保护，攻击者可能会趁虚拟机离线时破坏或者修改虚拟机的镜像文件，致使离线虚拟机的完整性和可用性受到威胁和破坏。

## 2．虚拟机逃逸

Hypervisor 运行在基础硬件和虚拟机之间，将主机的硬件资源抽象后分配给虚拟机。Hypervisor 小巧和简单的特征限制了可能出现在很多程序中的低级漏洞，通常比操作系统更安全。但攻击者仍然可以利用 Hypervisor 对其他虚拟机展开攻击，如图 4-3 所示。攻击者控制一台虚拟机（或者虚拟机本身就是攻击者租用的），利用虚拟机漏洞突破虚拟机的限制，拿到 Hypervisor 控制权限进而获取宿主机系统权限和同一宿主"治下"所有其他虚拟机的数据，这就是虚拟机逃逸（VM Escape）。

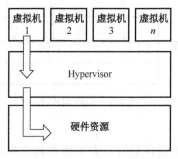

图 4-3　虚拟机逃逸

如果虚拟机操作系统已经被攻破，由它发送给 Hypervisor 的指令就可能是非法的。例如，攻击者在控制了一台虚拟机后，通过一定手段在虚拟机内部产生大量随机的 I/O 端口活动使 Hypervisor 崩溃。一旦 Hypervisor 被攻破，则由它所控制的所有虚拟机和主机操作系统都能够被攻击者访问。另外，攻击者一旦获取 Hypervisor 进程的权限之后，就可以截获该宿主机上其他虚拟机的 I/O 数据流，并加以分析获得用户的相关数据，之后进一步针对用户个人敏感信息发起攻击，甚至，攻击者可以通过 Hypervisor 的特权，对某个正在运行的虚拟机进行强制关机或挂起，造成该虚拟机服务的中断。

由于攻击者获得了最高权限，使其能够在主机操作系统上执行恶意代码进行破坏，进而入侵内部网络，威胁整个云的安全。

## 3．Rootkit 攻击

Rootkit 中 Root 一词来自 UNIX 领域。UNIX 主机系统管理员账号为 Root，该账号拥有最小的安全限制，完全控制主机并拥有了管理员权限就被称作 Root 主机。Rootkit 是一组用于维持 Root 权限、隐藏恶意入侵活动的工具集。攻击者入侵计算机系统的主要目标是试图获得系统的高度控制权，使其自身在避开入侵检测的同时能够监控、拦截和篡改系统中其他软件的状态和动作。系统防御者要想检测出恶意的入侵活动，就必须获得比攻击者更高的系统控制权。在攻击者和防御者的斗争中，抢占底层控制权限是永恒的主题，随着斗争的深入，Rootkit 从简单的用户级程序转移进操作系统内核，而入侵检测软件也逐渐由用户级深入到内核进行安全检测，Rootkit 逐渐丧失了隐藏自身和控制系统的优势。

虚拟化技术的使用又给了 Rootkit 机会，出现了基于虚拟机的 Rootkit（Virtual Machine Based Rootkit，VMBR）。VMBR 相比于现有的 Rootkit 能够获得更高的操作系统控制权，提供更多的恶意入侵功能，同时能够完全地隐藏自身所有的状态和活动。它的基本思想是在已有的操作系统下安装一个 Hypervisor，将操作系统运行上移，变成一个虚拟机，这样在 VMBR 运行的任何恶意程序都不会被运行在目标操作系统上的入侵检测程序发现。比较知名的 VMBR 叫作 SubVirt，其整体架构如图 4-4 所示。

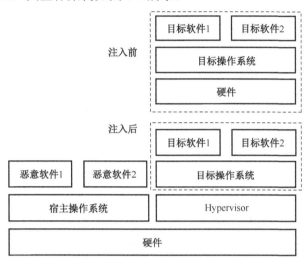

图 4-4　基于虚拟机的 Rootkit 攻击

SubVirt 依赖于商用的虚拟化软件（如 VMware）来构建虚拟化环境，并且需要供其自身运行的宿主操作系统。在 SubVirt 注入之前，目标操作系统直接运行在硬件之上。SubVirt 注入之后，目标操作系统上移，成为建立在 SubVirt 之上的一个虚拟机。VMBR 的组件由虚拟化软件 Hypervisor、宿主操作系统及其上运行的恶意软件组成。恶意程序运行在 Hypervisor 或宿主操作系统中，与目标操作系统隔离开，这样目标操作系统中的入侵检测软件就无法发现和修改恶意程序。同时，Hypervisor 能够捕获目标操作系统上的所有事件和状态，当 VMBR 修改这些事件和状态时，由于它完全控制了面向目标操作系统和应用程序的虚拟硬件，目标操作系统将无法发现这些改动。在虚拟化基础架构中，如果 Hypervisor 被攻击者成功篡改成一个 VMBR，则 Hypervisor 上运行的虚拟机将全部落入攻击者的控制中，攻击者能够在 VMM 中运行任何恶意程序，并对虚拟机中的应用程序和用户数据构成严重威胁。

### 4．分布式拒绝服务攻击

拒绝服务攻击（Denial of Service，DoS）有很多攻击方式，最基本的 DoS 攻击就是利用合理的服务请求占用过多的服务资源，从而使合法用户无法得到服务响应。单一的 DoS 攻击一般是采用一对一的方式，当攻击目标的各项性能指标（处理器响应速度、内存和网络带宽等）不高时，攻击效果是明显的。随着计算机与网络技术的发展，计算机的处理能力迅速提高，内存大大增加，同时也出现了千兆级别的网络，这使得 DoS 攻击的困难程度大大增加，分布式拒绝服务攻击（DDoS）便应运而生。

分布式拒绝服务攻击（Distributed Denial of Service，DDoS）是目前黑客经常采用而难以防范的攻击手段。在虚拟化环境下，有一种分布式拒绝服务攻击是指如果管理员在 Hypervisor 上制定的资源分配策略不严格或者不合理，攻击者就能利用多个虚拟机消耗云主机的所有系统资源，从而造成其他虚拟服务器由于资源匮乏而无法正常工作，如图 4-5 所示。

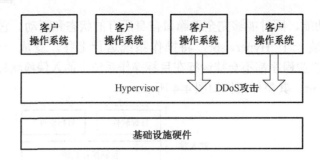

图 4-5　虚拟机针对 Hypervisor 的 DDoS 攻击

在虚拟化环境下，另一种 DDoS 攻击是指黑客租用（更多的是控制）大量虚拟机，向其他目标发起分布式拒绝服务攻击，导致网络拥塞、机器死机等。

**5．侧信道攻击**

基于虚拟化环境提供的逻辑隔离，采用访问控制、入侵检测等方法可以增强主机虚拟化环境的安全性，但是底层硬件资源的共享却容易面临侧信道攻击的威胁。

侧信道攻击是一个经典的研究课题，由 Kocher 等人于 1996 年首先提出。侧信道攻击是针对密码算法实现的一种攻击方式，当密码算法具体执行时，执行过程中可能泄露与内部运算紧密相关的多种物理状态信息，如声光信息、功耗、电磁辐射及运行时间等。这些通过非直接传输途径泄露出来的物理状态信息被研究人员称为侧信道信息（Side-Channel Information，SCI）。攻击者通过测量采集密码算法执行期间产生的侧信道信息，再结合密码算法的具体实现，就可以进行密钥的分析与破解。而这种利用侧信道信息进行密码分析的攻击方法则被称为侧信道攻击。

针对侧信道攻击，可以使用安全芯片解决问题。安全芯片采用混淆时序、能耗随机等手段使黑客无从辨别，也就难以解密。

## 4.1.3　主机虚拟化安全技术

为了全面应对虚拟化带来的安全挑战，保证云计算基础设施的安全，需对物理主机、宿主机操作系统、Hypervisor、虚拟机操作系统及其应用程序进行全方位的安全措施的部署。在对主机虚拟化安全的研究中，建立虚拟化安全防御体系、Hypervisor 安全和虚拟机安全是研究的热点。主机虚拟化安全研究主要方向如表 4-1 所示，下面分别进行介绍。

**1．虚拟化安全防御体系**

虚拟化安全防御体系解决方案有基于虚拟化层 Hypervisor 的安全防护、基于网络虚拟化的安全防护、基于软件定义的安全防护三类。

（1）基于 Hypervisor 的安全防护

该技术的核心思想是在 Hypervisor 层引入特权虚拟机，特权虚拟机使用 Hypervisor 提供的内省应用程序接口（Application Programming Interface，API），通过虚拟化层内部的逻辑端口监测虚拟机的数据流量，对其他虚拟机的 CPU、内存、网络流量和磁盘 I/O 进行监控，从而实现对其他虚拟机的安全管理和监控。特权虚拟机可以实现防火墙、防病毒等各种安全功能，成为在 Hypervisor 层提供安全防护功能的安全虚拟机。由于特权虚拟机和客户虚拟机共享宿主机资源，存在性能瓶颈，可能对客户虚拟机性能造成一定的影响。

表 4-1　主机虚拟化安全研究方向

| 主机虚拟化安全研究 | 虚拟化安全防御体系 | 基于 Hypervisor 的安全防护 |
| --- | --- | --- |
| | | 基于网络虚拟化的安全防护 |
| | | 基于软件定义的安全防护 |
| | 宿 主 机 安 全 | 传统信息安全技术 |
| | Hypervisor 安全 | 简化 Hypervisor 功能 |
| | | 保护 Hypervisor 完整性 |
| | | 提高 Hypervisor 防御能力 |
| | 虚 拟 机 安 全 | 虚拟机隔离 |
| | | 访问控制 |
| | | 虚拟可信计算技术 |
| | | 虚拟机安全监控 |
| | | 虚拟机自省技术 |

（2）基于网络虚拟化的安全防护

以网络设备制造商和安全设备制造商为代表的虚拟化层安全防护产品主要是引入网络虚拟化技术，在现有的成熟网络或安全设备上开发，将硬件产品软件化、虚拟化，具有一定的软件可编程能力，可以实现基于租户级的安全防护和策略管理。在具体处理机制上，通过与底层分布式虚拟交换机进行耦合，将受保护的虚拟机流量牵引到虚拟安全防护产品进行检测与防护。基于网络虚拟化的安全防护一般采用分布式架构，且各分布式安全组件是独立部署的，不需要受保护的租户虚拟机处于相同的物理主机，因此不会对虚拟机的性能造成影响；同时，该技术支持在虚拟化层面进行安全域的划分，能较好地支持动态迁移场景下的安全策略动态调整。

（3）基于软件定义的安全防护

软件定义网络 SDN 的控制转发分离、开放可编程等特性给安全领域带来新的发展契机，SDN 控制器具备全局视野，掌握整个管理域范围内的流量信息，可以为每个网络节点和流量建立各种安全状态属性，并与安全信誉和异常发现系统等联动，实现更智能、灵活、高效的安全机制。

将软件定义安全 SDS 理念应用于虚拟化安全防护时，其抽象和可扩展的安全能力与虚拟化资源池具有良好的契合度，可以实现深度耦合，通过建立基于受保护的虚拟资源池层面的全局安全状态表，以及用于定义和维护更新安全策略的全局安全控制器，可以使分布在各虚拟节点上的智能管理和安全防护功能集中到控制器上完成，灵活地实现对多租户应用环境下的虚拟资源进行精细化、策略协同的安全管理和控制。

**2. 宿主机安全**

通过宿主机对虚拟机进行攻击称得上是釜底抽薪，一旦入侵者能够访问物理宿主机，就能够对虚拟机展开各种形式的攻击。所以，保护宿主机安全是防止虚拟机遭受攻击的一个必要环节。

目前，绝大多数传统的计算机系统都已经具备了较为完善并行之有效的安全机制，包括物理安全、操作系统安全、防火墙、入侵检测与防护、访问控制、补丁更新及远程管理技术等方面，可以使用这些技术保护承载虚拟机的宿主机安全，避免攻击者通过宿主机对虚拟机产生危害。这对于增强虚拟机的安全性而言，具有十分重要的作用。

### 3．Hypervisor 安全

Hypervisor 是虚拟化平台的核心，大部分针对虚拟化的安全研究都是以 Hypervisor 可信为前提的，但事实上 Hypervisor 并非完全可信，目前流行的虚拟化软件如 VMwareESXi、Xen 和 KVM 等均被发现有安全漏洞，并且随着 Hypervisor 的功能越来越复杂，其代码量越来越大，导致安全漏洞也越来越多。针对 Hypervisor 的恶意攻击也不断涌现，如前面所述的 VMBR、虚拟机逃逸攻击等。因此，保障 Hypervisor 安全是增强虚拟化平台安全性的重中之重，目前的解决办法主要有简化 Hypervisor 功能、保护 Hypervisor 完整性、提高 Hypervisor 防御能力等方面。

（1）简化 Hypervisor 功能

在一个通用安全计算机系统中，可信计算基（Trusted Computing Base，TCB）是构成一个安全计算机系统所有安全保护装置的组合体，通常称为安全子系统。它不仅可以为整个系统提供安全保护，其自身也具有高度可靠性，是保证上层应用程序安全运行的基础。TCB 具体包括操作系统的安全内核、具有特权的程序和命令、处理敏感信息的程序、实施安全策略的软件和硬件、负责系统管理的人员等。TCB 越大，代码量越多，存在安全漏洞的可能性就越高，自身可信性就越难保障，故 TCB 越小越好。

在虚拟化体系中，Hypervisor 是 TCB 的重要组成部分，若无法保证 Hypervisor 的可信，则应用程序的运行环境也将没有安全性保证。然而，随着 Hypervisor 功能的增多，TCB 逐渐增大，可信性反而降低。为了解决这个问题，近年来，诸多学者都致力于构建轻量级 Hypervisor 的研究，减小 TCB，并取得了许多研究成果。

轻量级 Hypervisor 的设计应尽量简单，保证 Hypervisor 只实现底层硬件抽象接口的功能，降低实现的复杂度，从而能够更容易地保证自身的安全性。目前，针对轻量级 Hypervisor 研究的目标主要有以下几个方面：通过简化功能解决 Hypervisor 代码庞大及自身的完整性问题；采用轻量虚拟化架构为高安全需求的虚拟机应用提供更好的隔离性；提升虚拟机中 I/O 操作的安全性；确保虚拟机应用的完整性。

（2）保护 Hypervisor 完整性

利用可信计算技术对 Hypervisor 进行完整性度量和报告，从而保证其可信性，也是 Hypervisor 安全研究中的重要方向。在可信计算技术中，完整性保护由完整性度量和完整性验证两部分组成。完整性度量过程通常依赖一个硬件安全芯片，如可信平台模块（Trusted Platform Module，TPM），从计算机系统的可信度量开始，到硬件平台，到操作系统，再到应用。在程序运行之前，由前一个程序度量该级程序的完整性，并将度量结果通过 TPM 提供的扩展操作记录到 TPM 的平台配置寄存器（Platform Configuration Register，PCR）中，最终构建一条可信启动的信任链。完整性验证是将完整性度量结果等进行数字签名后报告给远程验证方，由远程验证方验证该计算机系统是否安全可信。通过这样的方式对 Hypervisor 进行完整性保护，可以确保 Hypervisor 的安全可信，进而可以从根本上提高整个虚拟化平台的安全和可信。

（3）提高 Hypervisor 防御能力

无论是通过构建轻量级的 Hypervisor，还是利用可信计算技术对 Hypervisor 进行完整性保护，在技术实现上均有较大难度，有些甚至需要对 Hypervisor 进行修改，这在大规模的虚拟化部署和防护中是不实用的。相比之下，借助一些传统的安全防护技术来增强 Hypervisor 的防御能力将更加容易实现，主要有以下四种防御方法。

① 防火墙保护 Hypervisor 安全。

物理防火墙能够为连接到物理网络中的服务器和设备提供保护，但是对于连接到虚拟网络的虚拟机，物理防火墙的防护就无法起到作用。因为，当虚拟机之间的流量在同一个虚拟交换机和端口组上传输时，网络流量只存在于物理主机内部的虚拟网络中，并不经过物理网络，此时的网络流量是在物理防火墙保护区域之外的，物理防火墙无法对这些流量进行保护。为了解决这一问题，可以将虚拟防火墙与物理防火墙结合使用。虚拟防火墙是在虚拟机的虚拟网卡层获取并查看网络流量的，因而能够对虚拟机之间的流量进行监控、过滤和保护。

② 合理地分配主机资源。

默认情况下，所有虚拟机对物理主机提供的有限资源具有相同的使用权。因此，如果物理主机没有采取有效策略对主机资源的使用情况进行管理，则不太重要的虚拟机可能会占用全部资源，从而导致重要的虚拟机由于资源匮乏而崩溃，同时中断服务，就像物理服务器遭到分布式拒绝服务攻击一样。因此，必须在 Hypervisor 中实施资源控制，可以采取限制和预约等机制，保证重要的虚拟机能够优先访问主机资源。也可以将主机资源划分隔离成不同的资源池，将所有虚拟机分配到各个资源池中，使每个虚拟机只能使用其所在资源池中的资源，从而降低由于资源争夺而导致的虚拟机拒绝服务的风险。

③ 扩大 Hypervisor 安全到远程控制台。

虚拟机的远程控制台和 Windows 操作系统的远程桌面类似，可以使用远程访问技术启用、禁用和配置虚拟机。如果虚拟机远程控制台配置不当，可能会给 Hypervisor 带来安全风险。首先，与 Windows 远程桌面限制每个用户获取一个单独会话不同的是，虚拟机的远程控制台允许多人同时连接。如果具有较高权限的用户先登录进入远程控制台，则后面只有较低权限的用户登录后，就可以获得第一个用户具有的较高权限，由此可能造成越权非法访问，给系统造成危害。其次，远程虚拟机操作系统与用户本地计算机操作系统之间具有复制和粘贴的功能，通过远程管理控制台或者其他方式连接到虚拟机的任何人都可以使用剪切板上的信息，由此可能会造成用户敏感信息的泄露。为了避免这些风险，必须对远程控制台进行必要的配置。应当设置同一时刻只允许一个用户访问虚拟机控制台，即把远程管理控制台的会话数限制为 1，从而防止多用户登录造成的原本权限较低的用户访问敏感信息；要禁用连接到虚拟机的远程管理控制台的复制和粘贴功能，从而避免信息泄露问题。

④ 通过限制特权减少 Hypervisor 的安全缺陷。

在 Hypervisor 的访问授权上，管理员不能为求简单方便直接将管理员权限分配给用户，必须要对用户进行细粒度的权限分配。首先创建用户角色，并且不分配权限；然后将角色分配给用户，根据用户需求来不断增加该用户对应的角色权限，以此确保该用户只获取了其所需要的权限，从而降低特权用户给 Hypervisor 带来的安全风险。

以上这些安全防御措施多是通过部署或设置，从某个角度来降低 Hypervisor 的安全风险，提高 Hypervisor 的安全性，并不能对 Hypervisor 进行全面的安全防护。因此，在增强 Hypervisor 的安全防御能力方面还需要更加深入的研究和探索。

#### 4. 虚拟机安全

（1）虚拟机隔离

在多实例的虚拟化环境中，虚拟机之间的隔离程度是虚拟化平台的安全性指标之一，通过隔离机制，虚拟机之间互不干扰。如果虚拟机不能有效隔离将产生一系列风险，当一个虚拟机方式错误时，会影响其他虚拟机，甚至整个系统；当某个虚拟机性能下降时，会影响其他虚拟机性能。

现有的虚拟机隔离机制主要包括：基于访问控制的逻辑隔离机制；通过硬件虚拟，让每个虚拟机无法突破 Hypervisor 设定的资源限制；硬件提供的内存保护机制；进程地址空间的保护机制等。

目前的虚拟机安全隔离研究多以 Xen Hypervisor 为基础。众所周知，开源 Xen 虚拟监视器有很多安全漏洞，特别是 Xen 依赖于 Domain 0 管理其他的虚拟机所导致的一些漏洞。为了避免 Domain 0 给客户虚拟机造成安全威胁，林昆等基于 Intel VT-d 技术提出了一种虚拟机安全隔离架构，通过安全内存管理（Safe Memory Management，SMM）和安全 I/O 管理（Safe I/O Management，SIOM）两种手段进行保护，将重要的内存和 I/O 虚拟功能从特权虚拟机 Domain 0 中转移到虚拟引擎中，以实现普通虚拟机内存和 Domain 0 内存间的物理隔离，从而确保了 Domain 0 和虚拟机的高强度隔离。

① 安全内存管理（SMM）。

当虚拟机共享或者重新分配硬件资源时会造成很多的安全风险。首先，信息可能会在虚拟机之间被泄露。其次，如果客户虚拟机占用了额外的内存，然而在释放的时候没有重置这些区域，分配在这块内存上的新客户虚拟机就可以读取到敏感信息。SMM 提供加解密来实现客户虚拟机内存与 Domain 0 内存间的隔离。

在 SMM 架构之中，Hypervisor 只能将 SMM 控制的内存分配给客户虚拟机。所有虚拟机分配内存的请求都经由 SMM 处理。SMM 用来加解密客户虚拟机数据的密钥由 TPM 系统产生和分发，而 SMM 只加密分配给虚拟机的内存。如果 Domain 0 暂停一台虚拟机，转存到 Domain 0 存储区的虚拟机数据都是加密的，这样就实现了客户虚拟机内存与 Domain 0 内存的物理隔离。

② 安全 I/O 管理（SIOM）。

在一台使用了 Xen Hypervisor 的物理主机上，每个客户虚拟机都被分配了软件模拟的 I/O 设备，即虚拟的 I/O 设备，其作用是在多个虚拟机之间调度物理 I/O 资源，包括资源复用、资源分工和资源调度。另外，当物理 I/O 设备响应其他请求时，客户虚拟机的请求和数据需要被缓存起来。此时，所有的虚拟机共享用来虚拟物理 I/O 设备的内存和缓存。

在 SIOM 架构中，每个客户虚拟机的 I/O 访问请求经过各自的虚拟 I/O 设备发送到 I/O 总线上，由虚拟 I/O 控制器根据协议和客户虚拟机内存中的数据决定当前的 I/O 操作，再经过虚拟 I/O 总线访问实际的 I/O 设备。通过为每个虚拟机定制一个专用的虚拟 I/O 设备，客户虚拟机的 I/O 访问路径不再通过 Domain 0，从而将各个虚拟机之间的 I/O 操作隔离开来。从 I/O 操作方面来讲，Domain 0 的故障不会影响到整个 I/O 系统。

在上述虚拟机安全隔离方案中，SMM 和 SIOM 架构缩减了 Xen Hypervisor 占用的空间，进而减小了可信计算基。通过取消对 Domain 0 控制的信赖和支持内存重置，SMM 和 SIOM 保护虚拟机避免了安全威胁，增强了虚拟机之间的隔离性。

（2）虚拟机安全监控

在云计算环境中，通过部署有效的监控机制，可以对虚拟机系统的运行状态进行实时观察，及时发现不安全因素，保证虚拟机系统的安全运行。虚拟化技术在给云安全带来挑战的同时，也为安全监控提供了一种解决问题的思路。通过利用 Hypervisor 在单独的虚拟机中部署安全工具，能够对目标虚拟机进行检测，进而保证了监控工具的有效性和防攻击性。

现阶段，基于虚拟化安全监控的相关研究工作可以分为内部监控和外部监控两大类。内部监控是指在虚拟机中加载内核模块来拦截目标虚拟机的内部事件，而内核模块的安全通过 Hypervisor 来进行保护。外部监控是指通过在 Hypervisor 中对目标虚拟机的事件进行拦截，从而在虚拟机外部进行检测。

① 内部监控。

基于虚拟化内部监控模型的典型代表系统是 Lares 和 SIM，如图 4-6 所示描述了 Lares 内部监控架构。

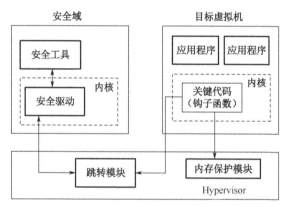

图 4-6　Lares 内部监控架构

安全工具部署在一个隔离的虚拟机中，该虚拟机所在的环境，在理论上被认为是安全的，称为安全域，如 Xen 特权虚拟机 Domain 0。被监控的客户操作系统运行在目标虚拟机中，同时该目标虚拟机中会部署一种至关重要的工具——钩子函数。

钩子函数用于拦截某些事件，如进程创建、文件读/写等。由于客户虚拟机不可信，因此钩子函数需要得到特殊的保护。这些钩子函数在加载到客户虚拟机操作系统时，向 Hypervisor 通知其占据的内存空间，使 Hypervisor 中的内存保护模块能够根据钩子函数所在的内存页面对其进行保护。Hypervisor 中还有一个跳转模块为目标虚拟机和安全域之间通信的桥梁。为了防止恶意攻击者篡改，钩子函数和跳转模块都必须是自包含的，不能调用内核的其他函数，并且必须是很简单的，可以方便地被内存保护模块所保护。

这种架构的优势在于，事件截获在客户虚拟机中实现，而且可以直接获取操作系统级语义。因为不需要进行语义重构，故而减少了性能开销。然而，这种架构存在两个不足：需要在客户操作系统中插入内核模块，造成对目标虚拟机的监控不具有透明性；内存保护模块和跳转模块是与目标虚拟机紧密相关的，不具有通用性。这些不足限制了内部监控架构的进一步研究和使用。

② 外部监控。

基于虚拟化外部监控模型的典型代表系统是 Livewire，如图 4-7 所示描述了 Livewire 外部监控架构。

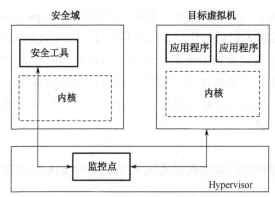

图 4-7　Livewire 外部监控架构

外部监控架构中安全工具和客户操作系统的部署和内部监控架构相同，分别位于两个彼此隔离的虚拟机中，增强了安全工具的安全性。与内部监控架构不同的是，外部监控架构的关键模块是部署在 Hypervisor 中的监控点，它不仅是安全域中的安全工具和目标虚拟机之间通信的桥梁，还用于拦截目标虚拟机中发生的事件，并重构出高级语义并传递给安全工具。安全工具根据安全策略产生的响应，进而通过监控点来控制目标虚拟机。由于 Hypervisor 位于目标虚拟机的底层，监控点可以观测到目标虚拟机的状态（如 CPU 信息、内存页面等），故在 Hypervisor 的辅助下，安全工具能够对目标虚拟机进行检测。根据上述事件拦截响应过程可知，外部监控必须包含两种基本功能：事件截获和语义重构。事件截获是指拦截虚拟机中发生的某些事件，从而触发安全工具对其进行检测。语义重构是指由低级语义（二进制语义）重构出高级语义（操作系统级语义）。由于 Hypervisor 位于目标虚拟机的下层，它只能获取低级语义。监控工具是针对操作系统层的语义，因此两者之间存在语义鸿沟。为了使监控工具能够理解目标虚拟机中的事件，必须进行语义重构。语义重构的过程与客户操作系统的类型和版本密切相关，主要通过某些寄存器或者内存地址解析出内核中的关键数据结构。

## 4.2　网络虚拟化安全

网络虚拟化（Network Virtualization，NV）的概念很早就被提出，它主要包括网络中计算节点的虚拟化、网络设备的虚拟化和网络互联的虚拟化。由于虚拟化平台的存在，虚拟化网络主要呈现出三个新的特性：网络中计算资源实体由物理服务器变为虚拟机；网络中存在二元的网络设备，包括传统网络固有的物理网络设备和虚拟化平台内部的虚拟网络设备；组网方式由纯粹的物理互联变为包括虚拟网络和物理网络共同作用的复合网络。

传统的网络虚拟化技术以虚拟局域网（Virtual Local Area Network，VLAN）技术为代表，通过协议封装在物理网络上提供互相隔离的虚拟专用网络。随着软件虚拟化、软件定义网络（Software Defined Network，SDN）等技术的发展，利用分布式的软件技术实现网络功能集的合理抽象、分割和灵活调度逐渐成为网络虚拟化的主流模式。

### 4.2.1  网络虚拟化技术

#### 1. 传统网络虚拟化技术——VLAN

VLAN 技术的出现不仅在网络设计和规划上提供了更多的选择，也使得网络管理更为安全和方便。可以说 VLAN 技术是以太网技术的一个革命性变革，同时也是以太网中最为基础和关键的技术。VLAN 是一种通过将局域网内的设备逻辑地而不是物理地划分成一个个网段从而实现虚拟工作组的技术。在传统的以太网中，单一的广播域使得网络对于资源的管理手段有限。VLAN 技术的出现使得网络管理人员可以将同一物理局域网内的用户划分到不同的逻辑子网中，具有加强广播控制、简化网络管理、降低成本、提高网络安全等方面的作用。VLAN 技术的实现方式主要有四种：基于端口、基于媒体访问控制（Media Access Control，MAC）、基于子网和基于协议。IEEE 802.1Q 协议的发布统一了不同厂商的标签格式，进一步完善了 VLAN 的体系结构。

#### 2. 叠加（Overlay）组网技术

云计算相关概念自 2007 年由 Google 公司提出后，从基础设施即服务（Infrastructure as a Service，IaaS）、平台即服务（Platform as a Service，PaaS）、软件即服务（Software as a Service，SaaS）到一切皆服务（X as a Service，XaaS），其内涵被不断泛化与扩展。但无论云计算内涵如何变化，其本质是一个将网络虚拟化、计算虚拟化和存储虚拟化等虚拟化技术综合运用的过程，而网络虚拟化是提升网络灵活性和资源利用效率的有效手段，网络虚拟化与云计算的结合可谓相得益彰。

现阶段，叠加（Overlay）组网技术、虚拟集群和软件定义网络等是云环境下网络虚拟化技术的主要研究热点。Overlay 指的是一种在网络架构上进行叠加的虚拟化技术模式，其大体框架是对基础网络不进行大规模修改的前提下，实现应用在网络上的承载，并能与其他网络业务分离，目前主要应用于数据中心内部网络的大规模互联，主流技术包括：

（1）虚拟可扩展局域网

虚拟可扩展局域网（Virtual eXtensible Local Area Network，VXLAN）是网络虚拟化的重要技术。VXLAN 通过在三层网络上借助 MAC-in-UDP 封装叠加一个二层网络来实现网络虚拟。每一个 VXLAN 划分是利用 24 bit 的 VXLAN 网络标识符（Virtual Network Identifier，VNI）来标识的。VXLAN 封装允许二层与任何端点进行通信，只要该端点在同一个 VXLAN 网段内即可，即便这些端点是在不同的 IP 子网内也没有关系，从而解决了交换机出现媒体访问控制（Media Access Control，MAC）地址表容量受限问题。

（2）通用路由封装的网络虚拟化

通用路由封装的网络虚拟化（Network Virtualization using Generic Routing Encapsulation，NVGRE）用 RFC（Request For Comments）2784 和 RFC 2890 这两个网络标准所定义的通用路由封装（GRE）隧道协议来创建独立的虚拟二层网络。NVGRE 中地址的学习是通过控制平面实现的，但是目前 NVGRE 还没有地址学习的具体实施方案。相对 VXLAN，NVGRE 在负载均衡方面有天生的缺陷，无法基于 GRE 实现负载均衡。此外，由于建立的是端到端的隧道，因此隧道的数量随终端数量增加以平方速率上升，导致维持隧道的开销极大。

（3）无状态传输隧道

无状态传输隧道（Stateless Transport Tunneling，STT）也是在二层/三层物理网络上创建二层虚拟网络的一种 Overlay 技术。在技术上，STT 和 VXLAN 之间有很多相似之处，例如，隧道端点都是由虚拟机管理程序（Hypervisor）vSwitch 提供的，虚拟网标识（Virtual Network Identifier，VNID）的长度都是 24 bit，可通过控制传输源报头发挥多路径优势。不同的是 STT 把数据帧先进行分割再封装，可以充分利用网卡的硬件加速功能来提升效率。另外，由于 STT 技术将原 STT 包伪装成了传输控制协议/网间协议（TCP/IP）包，而在传输控制协议（TCP）包头中又没有维护 TCP 状态信息，如果发生丢包不会进行重传，因此 STT 建立的是不可靠的隧道。

### 3．虚拟集群

虚拟集群指通过虚拟化技术将网元或其内部组件进行逻辑组合，以满足各类运营管理需求。现阶段，同构虚拟集群和异构虚拟集群技术是虚拟集群的研究重点。同构虚拟集群通过控制平面扩展，将多台相同类型的物理设备虚拟成单台逻辑设备，通过资源控制器实现多台物理设备的资源共享与灵活调度。采用池化技术的设备拥有单一的控制与管理平面，对外采用唯一标识。相对于原物理设备，在设备容量与可靠性方面有显著提升。该技术主要应用在骨干网，解决核心节点单机转发和吞吐能力不足的问题，同时在 IP 网络中的多业务边缘路由器（Multi-Service Edge Router，MSER）池化，核心网中的移动性管理实体（Mobile Management Entity，MME）池化等方面也有应用的需求。异构虚拟集群主要通过分布式技术实现不同类型设备的整合，可进一步减少管理/配置网元的类型和数量，从而提升业务和网络的部署效率与灵活性。

### 4．软件定义网络与 OpenFlow

作为一种颠覆传统虚拟化网络的新型网络架构，软件定义网路（SDN）凭借其快速提供网络服务、实现网络灵活管理、加速网络应用创新、降低运营开销等诸多优点得到飞速发展，如图 4-8 所示。

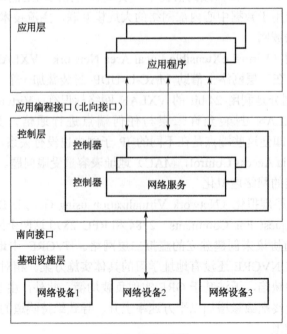

图 4-8　SDN 架构

SDN 架构要素包括逻辑集中的控制层、物理分布的基础设施层和上层网络的应用层。其中，控制器主要用于承载网络控制逻辑功能，其通常基于软件方式实现，负责维护整体网络路由及资源等逻辑视图，并为上层网络应用提供屏蔽网络控制复杂性的北向接口（NorthBound Interface，NBI）；基础设施层负责根据控制器所下发的流规则，执行单一而具体的网络报文操作，其与控制器之间的接口界面被称之为南向接口（SouthBound Interface，SBI），其以 OpenFlow 等标准协议形式，集中承载了编址、路由、多播、安全、接入控制、流控等多种规则交互控制功能；上层网络应用通过北向接口与控制层实现通信，其利用控制层所提供的全局网络视图，实现对网络资源的配置及控制，处理机制的集中管控，进而为网络用户及网络管理人员提供逻辑一致、接口统一的网络业务应用。

该架构具有三个基本特征。

（1）控制与基础设施分离

基础设施层由功能相对单一的网络设备组成，其逻辑功能由控制层集中控制，从而保障了全网逻辑功能的一致性。

（2）控制层与基础设施层之间的标准接口开放

该接口是标准且开放的，因而有效地屏蔽了基础设施层各网络设备的实现差异，同时为控制层逻辑提供了良好的可扩展性。通过这种方式，控制层仅需关注自身逻辑即可，而无须关注底层网络设备的差异及实现细节。

（3）逻辑集中控制

逻辑集中的控制层既可部署在同一控制器设备上，同时也可采取物理分布部署的方式，控制层以集中方式控制多个网络设备，并将其抽象为逻辑统一的全局网络视图，以便为自身控制应用与上层网络应用提供面向全局网络的优化控制。

开放网络基金（Open Networking Foundation，ONF）是 SDN 技术重要的标准化组织之一，致力于创新和发展新型网络架构，目前，ONF 的会员已经超过 150 家公司，其推动的 SDN 技术标准涵盖 SDN 技术的各个方面，其中包括大名鼎鼎的 SDN 南向接口协议 OpenFlow。

OpenFlow 从一开始便受到了业界的广泛关注，并逐步发展成为目前业界公认的控制层-基础设施层标准协议实现。简洁、高效、可扩展是 OpenFlow 协议的基本设计理念，其定义了一系列基本操作，以实现控制层对基础网络设备的管理与控制。通过 OpenFlow 协议，SDN 控制层可直接访问 OpenFlow 交换机，从而操控网络设备，以实现相应的网络报文转发及处理功能。

OpenFlow 交换机负责数据转发功能，如图 4-9 所示，主要由三部分组成：流表（Flow Table）、安全信道（Secure Channel）和 OpenFlow 协议（OpenFlow Protocol）。OpenFlow 交换机由控制器通过 OpenFlow 协议进行控制。

每个 OpenFlow 交换机的处理单元由流表构成，每个流表由许多流表项组成，流表项则代表转发规则。进入交换机的数据包通过查询流表来取得对应的操作。为了提升流量的查询效率，目前的流表查询通过多级流表和流水线模式来获得对应操作。流表项主要由匹配字段（Match Field）、计数器（Counter）和操作（Instruction）组成。匹配字段的结构包含很多匹配项，涵盖了链路层、网络层和传输层的大部分标识。随着 OpenFlow 规则的不断更新，VLAN 和 IPv6 等协议也逐渐扩展到 OpenFlow 标准当中。由于 OpenFlow 交换机采取流表的匹配和转发模式，因此在 OpenFlow 网络中将不再区分路由器和交换机，而是统称为

OpenFlow 交换机。另外，计数器用来对数据流的基本数据进行统计，操作则表明了与该流表项匹配的数据包应该执行的下一步操作。安全信道是连接 OpenFlow 交换机和控制器的接口，控制器通过这个接口，按照 OpenFlow 协议规定的格式来配置和管理 OpenFlow 交换机。

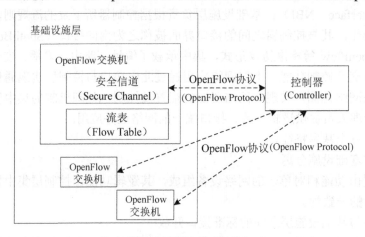

图 4-9　OpenFlow 架构

目前，基于软件实现的 OpenFlow 交换机主要有两个版本，都部署于 Linux 系统：基于用户空间的软件 OpenFlow 交换机操作简单，便于修改，但性能较差；基于内核空间的软件 OpenFlow 交换机速度较快，同时提供了虚拟化功能，使得每个虚拟机能够通过多个虚拟网卡传输流量，但实际的修改和操作过程较复杂。

### 4.2.2　虚拟网络安全分析

基于 VLAN 等技术的传统网络虚拟化不仅面临原有传统网络的威胁，如地址解析协议（Address Resolution Protocol，ARP）欺骗，还引入了新的针对虚拟化网络环境的威胁，如虚拟机迁移攻击。而软件定义网络（SDN）作为当前网络虚拟化的主流实现模式，也带来了新的网络安全问题，如集中式的 SDN 控制器成为网络中最脆弱的部分，一旦控制器被攻破，攻击者就将拥有整个网络的控制权。下面将对传统虚拟化网络和软件定义网络所面临的安全威胁分别进行介绍。

#### 1. 传统虚拟化网络面临的安全问题

（1）对物理和虚拟局域网的威胁

无论是物理划分还是虚拟划分，网络中每一个网段都有其设定目的和需求，因此网段间的隔离便成为保障基本网络安全的关键。从理论上讲，所有的网络通信都会进入特定的物理端口，但大部分情况下由于虚拟化服务器物理端口支持的不足或其他条件限制，这种预期难以实现。在虚拟化平台内部，来自各虚拟机属于不同 VLAN 的流量都通过平台中的虚拟交换机中继，全部汇入某一公用物理端口，这就为攻击者创造了从 VLAN 中逃逸并威胁其他网络通信安全的条件。与传统网络一样，虚拟化网络面临着 VLAN 跳跃攻击、洪泛攻击、APR 欺骗、DoS 攻击等威胁。

（2）对物理管理连接的威胁

对物理管理网络的访问能力使攻击者可以威胁一套完整部署的虚拟化系统。攻击者可以随意关闭、重启并对所有的物理服务器和虚拟机进行操控。

（3）对虚拟机迁移连接的威胁

由于虚拟机迁移涉及众多敏感的明文数据信息传输，在迁移时通常会分隔成一个独特的 LAN 或 VLAN，限制网络数据的传播。对虚拟机迁移网络实施攻击，攻击者能够窃取客户机的敏感信息，甚至进一步去操控这些信息，由于大多数的迁移方案都没有进行数据加密，因此这种威胁十分有效。

（4）对虚拟管理连接的威胁

由于管理信息的重要性，虚拟管理通信实体也应被放入一个单独的网段。通过对虚拟管理通信信息的访问，攻击者可以修改虚拟网络的拓扑结构，操纵端口到 VLAN 之间的映射，将虚拟交换机设置为混杂模式（用于在同一个 VLAN 中对其他网络的通信信息进行拦截），开放特定端口、创建后门等。因此，虚拟管理网络应该拥有一个足以防御二层攻击的专用网段。

（5）对存储连接的威胁

存储虚拟化同样具有强安全性需求。首先，存储数据可能包含各种敏感应用数据；其次，存储数据可能包含可供攻击者利用并威胁虚拟化环境的系统数据。因此，需要重视的是对本地存储的攻击威胁，如当对虚拟化平台上的 VMDK（VMWare Virtual Machine Disk Format 是 VMware 创建的虚拟硬盘格式）文件进行访问时，可能会导致客户机到主机的逃逸等隐患的发生。此外，对虚拟存储网络而言，最大的安全威胁来源于恶意用户对传输数据的嗅探攻击，必须通过其他途径对未授权资源的访问进行控制和隔离。

（6）对业务信息连接的威胁

业务信息连接用于传输用户的特定流量数据，如网络服务访问、VPN 等，这些数据可能包含着众多用户的敏感信息，一旦泄露将为恶意用户实施网络攻击创造条件，因此，对业务信息连接也需要进行有效的防护。

**2. 软件定义网络面临的安全威胁**

SDN 所面临的安全挑战主要有以下三个方面。

（1）针对控制器的安全威胁

管理集中性使网络配置、网络服务访问控制、网络安全服务部署等都集中于 SDN 控制器上。SDN 的集中式控制方式使控制器存在单点失效的风险。首先，控制器的集中控制方式使控制器容易成为攻击目标，攻击者一旦成功实施了对控制器的攻击，将造成网络服务的大面积瘫痪，影响控制器覆盖的整个网络范围。其次，集中控制的方式，使控制器容易受到资源耗尽型攻击，如拒绝服务攻击。此外，开放性使 SDN 控制器需要谨慎评估开放的接口，以防止攻击者利用某些接口进行网络监听、网络攻击等。最后，控制器的自身安全性、可靠性也尤为关键，由于 SDN 的控制器通常部署在虚拟服务器上，打破了传统的封闭运行环境，因此，SDN 控制器面临与主机虚拟化相同的风险。

（2）针对接口协议的安全威胁

针对 SDN 接口协议的攻击主要包括控制层-基础设施层接口协议攻击（南向接口）与应用层-控制层协议攻击（北向接口）。其中，OpenFlow 作为南向接口协议标准，其本身采取了传输层安全协议（Secure Socket Layer，SSL）、安全套结层协议（Transport Layer Security，TLS）等手段进行加密防护，然而这一手段在实际应用中作用有限，无法有效防范中间人等攻击形式。另外，OpenFlow 协议本身依然存在着一系列漏洞，容易被攻击者利用而形成安全隐患。

应用层-控制器交互协议是除 OpenFlow 之外的另一个容易受到攻击的接口。与 OpenFlow 相比，控制层与上层应用层之间的接口相对更为开放，其控制器与应用之间所建立的信赖连接关系也更加脆弱，对攻击者来说攻击门槛更低。由于应用程序种类繁多且不断更新，目前北向接口对应用程序的认证方法和认证力度尚没有统一的规定。此外，相对于控制层和基础设施层之间的南向接口，北向接口在控制器和应用程序之间所建立的信赖关系更加脆弱，攻击者可利用北向接口的开放性和可编程性，对控制器中的某些重要资源进行访问。因此，对攻击者而言，攻击北向接口的门槛更低。目前，北向接口面临的安全问题主要包括非法访问、数据泄露和应用程序自身的漏洞等。

（3）针对网络应用的安全威胁

首先，SDN 架构通过控制器给应用层提供大量的可编程接口，这个层面上的开放性可能会带来接口的滥用。由于 SDN 网络中诸多第三方开发的商业应用通常是不开源的，这使传统基于源码的恶意代码应用检测方式不再适用，SDN 应用层容易安装恶意应用或安装易受攻击的应用，攻击者能够利用这些应用实施对网络控制器的攻击；其次，SDN 架构缺乏对各种应用的策略冲突检测机制，OpenFlow 应用程序之间下发的流量策略可以互相影响，从而导致恶意应用对已有的安全防护策略产生影响。

### 4.2.3 IaaS 层网络安全防护

IaaS 层是云计算环境的基础设施层，其安全风险涵盖网络基础设施、主机计算环境及虚拟化环境。在网络基础设施方面，与传统网络类似，面临 DoS 攻击、地址解析欺骗等安全风险；在主机计算环境方面，主要包括服务器和存储设备，面临主机非法入侵、系统非法控制等安全风险；在虚拟化环境方面，包括虚拟主机环境、虚拟网络环境和虚拟存储环境。主机虚拟环境面临虚拟机窃取、虚拟机逃逸等安全风险；虚拟网络环境主要面临虚拟网络边界防护、共享物理网卡等引起的安全风险；虚拟存储环境，面临数据存储位置不确定、数据存储未有效隔离及数据迁移等相关安全性风险。

面对上述涉及多方面的复杂问题，分而治之是简化复杂问题的一种有效方法。在设计云环境 IaaS 层网络安全防护策略时，一些研究者提出了基于安全域的概念。

#### 1. 安全域的概念

安全域是一个由相同安全边界、责任区域、安全使命、防护措施等要素所组成的安全防护逻辑区域。通过安全域细分，云环境复杂的安全问题可以细分为安全域的子安全问题。安全域可以聚焦区域内安全防护重点，精确定义安全防护要素，提高管理效率、降低安全风险。安全域具有明确的安全防护范围、安全职责及安全防护措施，安全域之间相互协作，共同维护系统安全。安全域已经用于安全防护实践。例如，美国已将其整个网络进行系统分域，将系统资源与安全域进行结合，针对系统的安全风险分别治理，基于安全域进行安全部署。

在云环境下，安全域是基于云环境多种因素决定所形成的安全逻辑区域。划分安全域一般基于以下四个原则。

（1）分而治之原则：着眼于系统性的安全保密解决方案，基于恰当的维度对云环境整体安全问题不断细分，将初始安全问题分解为多个易于实现的更小范围的安全防护问题。

（2）业务保障原则：安全防护的目的是保障业务安全、顺畅开展，因此安全域的划分不仅要考虑 IaaS 环境的业务安全保密，还要保障 IaaS 系统业务的正常和高效运行。

（3）结构简化原则：安全域采用简单化的原则划分，粒度划分可避免过细过多，增加部署和管理的复杂性，安全域体系架构尽量适应信息系统体系架构，避免两种架构叠加带来额外的管理复杂度，找到系统安全防护与网络架构之间最佳的平衡点。

（4）可扩展性原则：安全域体系设计与划分应具有良好的扩展性，随着云计算业务的不断拓展，安全域不仅要满足当前业务的安全防护需求，也要考虑今后新增业务的安全防护需求，能够柔性扩展，适应变化需要。

### 2．IaaS 云环境下安全域的逻辑划分与构建

在复杂的云环境下，安全域的划分不是简单按条块切割，需要从实际出发进行多维度综合分析。按照纵深防护、分级保护的理念，基于 IaaS 平台的系统结构，云环境被划分为七个安全域：云边界安全域、云网络安全域、云主机安全域、云存储安全域、云应用安全域、云设备安全域和云管理安全域。完成安全域划分之后，基于安全域划分结果，应按照相应域的特点，设计和部署相应的安全机制和措施，以进行有效防护。

（1）云边界安全域：这是云数据中心抵御外部威胁的一道重要安全防线。云边界安全域位于数据中心内外网互联边界区域，其目标是抵御外部入侵，保护内网环境免受外部攻击。主要安全防护措施有网络隔离交换、网络访问控制、入侵检测、漏洞扫描、流量监控等。

（2）云网络安全域：覆盖云计算数据中心内部网络，包括网络接入、网络传输等区域范围，其安全职责是保障内网环境安全可信，防止非法访问、传输窃听等内部网络威胁。安全防护措施包括内网访问控制、数据传输加密、网络流量监测等。

（3）云主机安全域：包含云环境下的物理主机、虚拟机等区域范围，覆盖数据中心各类业务服务器和数据存储主机平台。其安全职责是确保各类主机系统正常运行、防止非法入侵、确保数据安全等。安全防护措施包括主机安全登录、用户身份认证、漏洞扫描与病毒防护、可信计算系统等。

（4）云存储安全域：覆盖云数据中心各类存储设备，包括存储阵列、存储主机及存储控制设备。其安全职责是确保存储数据安全，防止非法窃取、篡改。安全防护措施包括用户数据存储隔离、数据访问控制、数据存储加密等。

（5）云应用安全域：包含应用开发、维护的平台安全，本域覆盖云应用开发、部署平台及各类云应用系统。职责是确保云开发、部署的平台安全，确保各类应用安全，杜绝后门和安全漏洞危害。安全措施包括系统漏洞扫描与病毒防护、用户身份强认证、系统权限管控、应用安全隔离、Web 应用防火墙等。

（6）云设备安全域：包含云环境网络信息设备自身设施安全加固，防止信息设备自身遭受攻击、被非法控制或篡改等。本域覆盖云环境下各类网络、安全信息产品，职责是确保设备自身安全，免受非法攻击和控制。安全措施主要是对设备自身进行安全加固，包括协议加固、接入控制认证、敏感参数加密保护等。

（7）云管理安全域：作为一个独立的安全控制域，主要负责系统管理、证书管理、密码管理等工作。本域覆盖数据中心安全控制及其管理平台设备所在范围，职责是确保管理设备安全，抵御潜在的安全风险。安全措施包括主机防护、集中管控、管理协议加固等。

## 4.3 VPC

### 4.3.1 VPC 的概念

虚拟私有云（Virtual Private Cloud，VPC）是近几年推出的新技术，目前已经有一定的商业应用和研究。

在云计算发展初期，工业界更关注的是外部的公共云服务，希望通过新的应用模式满足业务需求。但是现实中很少有企业会因为新的架构而抛弃现有应用。而且公共云服务是否安全和可靠也存在很大疑问。针对这些问题，云计算推出了更为实效的方法：首先，将现有的数据中心转化为内部云，同时与托管和服务提供商合作，共同实现可兼容的外部云；随后，将内部云和外部云进行统一管理，使内部资源和可利用的外部资源连接起来，帮助企业获得云计算的优势和灵活性。这一方法的本质就是虚拟私有云，VPC 跨越内部云和外部云，为业务提供无缝的、可管理的云计算环境。

虚拟私有云原则上有两个基本前提：基础架构实现 100% 的虚拟化，包括处理器、存储、网络等；在可管理的服务水平协议下，它能够跨越公共的、可利用的外部基础架构与可操作的内部基础架构。虚拟私有云可整合本地和远程资源，并且安全无缝地连接起来，使之看起来如同一个整体的计算环境。基于这项技术，需要推出新服务的应用提供者，能够不受服务、存储和网络等基础架构复杂性的影响，专注于提供商业价值。

### 4.3.2 VPC 的应用

#### 1. Cloud Net

Cloud Net 采用虚拟私有云的思想来构建灵活、安全的资源池并通过虚拟专用网络（Virtual Private Network，VPN）透明地连接到企业数据中心。Cloud Net 通过在云计算平台和网络服务提供商之间的协同操作，自动生成和管理 VPN 端点。Cloud Net 利用现有的服务器、路由器、网络等不同层面的虚拟化技术生成可透明介入企业的动态资源池。

Cloud Net 系统由两个智能控制器组成，即云管理器（Cloud Manager）和网络管理器（Network Manager）。通过两个智能控制器的互操作自动实现运营商网络和云计算数据中心的资源配置管理。云管理器负责将云计算数据中心动态地分割成虚拟私有云，以供各个用户使用。云管理器处理每个 VPC 中虚拟机的创建和管理，采用不同形式的虚拟化使物理资源可以被多个用户复用。在 Cloud Net 当前的原型实现中，Xen 用于虚拟化服务器，并采用虚拟局域网技术分割每个云数据中心内的局域网。云管理器使用虚拟路由器动态配置每个 VPC 的用户边界（Customer Edge，CE）路由器。所谓虚拟路由器就是将物理路由器进行分割，每个分片拥有独立控制平面。也就是说每个 VPC 并不需要专用整个物理路由器，而是动态的为VPC 分配虚拟路由器，并实现快速重构。网络管理器由网络提供商运营，并负责 VPN 的建立和资源供给。

Cloud Net 通过运营商边界（Provider Edge，PE）路由器实现多协议标记交换（Multi-Protocol Label Switching，MPLS）VPN。基于 MPLS 的 VPN 能向用户提供跨网络的具有不同

服务质量等级的连接服务。网络管理器动态配置 PE 路由器，为每个 VPC 建立关联的 VPN，并且还可设定细粒度的接入控制，如限制单个 VPN 中哪些系统是可以通信的，或者为 VPN 路径预留网络资源等。

### 2. Amazon VPC

Amazon VPC 服务从亚马逊网络服务（Amazon Web Services，AWS）云中分离出来，并将它单独隔离出去，让企业用户可以通过 VPN 直接与 AWS 虚拟服务器基础设施相连。通过使用 Amazon VPC 服务，企业可以将分配到的 AWS 资源整合到企业的网络安全管理服务体系中，并使用相同的防火墙、入侵检测系统为内部和外部 IT 设备和用户配置安全资源。从系统和网络管理员的角度来说，这会让 AWS 虚拟服务器资源与其每天管理的其他网络基础设施紧密结合在一起，成为逻辑不可分割的整体。

Amazon VPC 为每个用户提供一个 VPC 云和 VPN 连接。在 VPC 云中，用户可以设置自己的若干子网，各个子网通过一个虚拟路由器互相连接。用户可以自定义 VPC 的 IP 地址空间，可以是已有的内部或公共 IP 地址空间的一部分，也可以是企业拥有的公有 IP 地址池，或者是私有 IP 地址空间。当企业定义好路由并更新了安全策略，Amazon VPC 为企业用户划分的资源是直接透明连接到用户内部网络中的，而且 VPC 中的资源路由信息是不会公告到互联网的。

VPN 的连接使用业界标准的 IPSec 隧道模式来认证两端的网关，并保护传输的数据不被窃听。实现 IPSec 需要的加密和封装只增加了少量带宽开销，因此增加的数据流开销很小。而且多数网络接口卡都会将加密功能转交给专门的处理器处理，因此网关数据处理性能不会受到影响。Amazon VPC 中指定的资源是专属于用户的，不能被 VPN 连接以外的任何机构访问，并且 VPC 的资源也是不与互联网直接连接的。如果 Amazon VPC 中的资源需要与外部通信，数据首先通过 VPN 传输到企业用户内部网络，然后按照企业网络防火墙规则实现与外部的通信。反向数据流也是先经过企业网络防火墙再传输到 VPC 资源。

此外，企业用户可以通过 Amazon Cloud Watch 检测 VPC 内运行的虚拟机性能。这项 Web 服务为企业提供了可视化功能用以监测资源使用情况、操作性能及整体请求模式，包括 CPU 的使用率、磁盘的读/写操作、网络流量等。所有这些信息都显示在 AWS 管理控制台上，并且可以向外部应用提供应用编程接口。通过一些简单的控制脚本，用户可以将 Amazon Cloud Watch 功能集成到现有的管理工具中。即便用户关闭了 VPC 中的虚拟机，该服务仍可保留最近一段时间内的历史数据。如果用户希望得到更多的历史数据记录，可通过提供的命令行工具将数据保存在 Amazon 数据库中。

## 4.4　存储虚拟化技术

存储虚拟化是指将可用存储空间抽象为虚拟卷而不受诸如磁盘驱动器、RAID 系统等实际存储元件的物理布局或拓扑结构的限制。通常情况下，虚拟卷呈现给用户一种物理磁盘的抽象，使用户可以像使用磁盘一样去使用。

存储虚拟化面临的安全问题和采用的安全技术将在第 5 章"云数据安全"中进行分析，这里主要介绍存储虚拟化技术的实现和类型。

### 4.4.1 存储虚拟化

在云计算、云存储出现之前，由于企业级用户存储容量和数据处理能力快速发展，并且对高可用性需求不断增长，存储虚拟化技术已经出现并得到广泛使用，主要有三种应用架构。

**1. DAS**

DAS（Direct Attached Storage），直译为"直接附加存储"，也称"直连方式存储"，是指将存储设备通过 SCSI 接口线缆或光纤通道直接连接到服务器上，起到扩展存储空间的作用，如图 4-10 所示为典型的 DAS 结构。由于 DAS 设备直接连接在服务器上，所以有时也称为 SAS（Server-Attached Storage，服务器附加存储）。

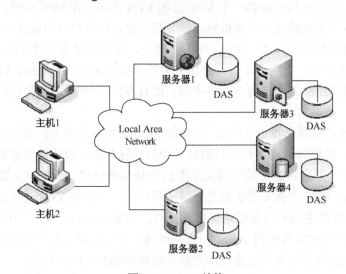

图 4-10　DAS 结构

DAS 设备依赖于服务器，其本身是存储设备硬件的堆叠，不带有操作系统，服务器的 I/O 操作直接发送到存储设备。DAS 对存储空间的虚拟化一般基于 RAID 技术，将 DAS 设备使用磁盘阵列技术化为一个虚拟的存储盘。

DAS 方式实现了机内存储到存储子系统的跨越，其优点主要有：低成本、结构简单、易于实现、提高存储性能等；DAS 缺点也很明显：可扩展性差、对服务器依赖性强、传输带宽受限、可管理性差、资源利用率较低、异构化严重。DAS 的适用环境较窄，一般用在低成本、数据容量需求不高的网络；存储系统要求必须直连到服务器的应用等。

**2. NAS**

NAS（Network Attached Storage），直译为"网络附加存储"，也称为"网络直连存储"，是一种专用、高性能的文件共享和存储设备，使其客户端能够通过 IP 网络共享文件，如图 4-11 所示。与 DAS 相比，NAS 设备有自己的控制器，不再依赖于服务器。从位置来说，NAS 设备连接在局域网上，而不像 DAS 一样直接连接在服务器上，而且 NAS 设备可供多个客户端进行文件访问。

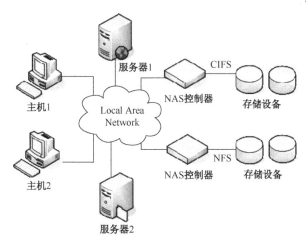

图 4-11　NAS 结构

　　NAS 拥有自己的文件系统，使用网络和文件共享协议如 CIFS（通用 Internet 文件系统）、NFS（网络文件系统）等提供对文件数据的访问，NAS 克服了 DAS 的各项缺点，有着 DAS 无法比拟的优势，如提高效率、灵活性强；集中存储数据、免服务器维护；可扩展性好、高可用性、高安全性；低成本、易于部署等。

### 3. SAN

　　SAN（Storage Aera Network，存储区域网络）是一种通过网络方式连接存储设备和应用服务器的存储构架，这个网络专用于主机和存储设备之间的访问，如图 4-12 所示。当有数据存取需求时，数据可以通过存储区域网络在服务器和后台存储设备之间高速传输，所有的服务器可以通过这个网络对存储资源池进行访问。常用的方案是基于光纤通道的 FC-SAN 和基于 ISCSI 协议的 IP SAN。

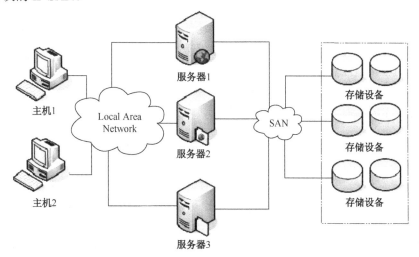

图 4-12　SAN 结构

　　SAN 可以看作存储总线概念的一个扩展，在网络单元和存储器接口的支持下，构成与传统网络不同的一种网络。网络单元包括与局域网和广域网类似的网络设备，如路由器、交换机、集线器、网关等。存储器接口包括小型计算机接口（SCSI）、串行存储结构（SSA）、高性能并行接口（HIPPI）、光纤通道（FC）等。SAN 既可以在服务器间共享，也能为某个服务器专有，而且不局限于本地存储设备，可以扩展到异地存储设备上。SAN 网络支持服务器到服务器、服务器到存储设备、存储设备到存储设备三种方式的直接高速数据传输，从而提高存储空间和访问速度。

SAN 由服务器、存储系统、连接设备三部分组成。存储系统为 SAN 解决方案提供了存储空间，由 SAN 控制器和磁盘系统构成，是 SAN 的核心部分。SAN 控制器提供存储接入、数据操作及备份、数据共享、数据快照等数据安全管理，以及系统管理等一系列功能。连接设备包括交换机、路由器、HBA 卡和各种介质的连接线。

SAN 的具体特征和优势可以归纳为以下几点：

（1）SAN 的构建基于存储器接口。存储资源位于服务器之外，这使得服务器和存储设备相互之间的海量数据传输不会影响局域网的性能，对日常作业没有影响。

（2）设备整合。多台服务器可以通过存储网络同时访问存储系统，不必为每台服务器单独购买存储设备，降低存储设备异构化程度，减轻维护工作量，降低维护费用。

（3）数据集中。不同应用和服务器的数据实现了物理上的集中，空间调整和数据复制等工作可以在一台设备上完成，大大提高了存储资源利用率。

（4）高扩展性。存储网络架构使服务器可以方便地接入现有的 SAN 环境，较好地适应应用变化的需要和用户不断增长的海量数据存储的需求。

（5）总体拥有成本降低。存储设备的整合和数据集中管理，大大降低了重复投资率和长期管理的维护成本。

（6）容错能力、高可用性和高可靠性。SAN 中的存储系统通常具备可热插拔的冗余部件以确保可靠性。

### 4.4.2 云存储

云存储是在云计算概念上延伸和发展出来的一个新概念，是一种新兴的网络存储技术，通过集群应用、网络技术或分布式文件系统等功能，将网络中大量各种不同类型的存储设备通过应用软件集合起来协同工作，共同对外提供数据存储和业务访问功能。云存储是一个以数据存储和管理为核心的云计算系统，使用者可以在任何时间、任何地方，通过任何可联网的装置连接到云上方便地存取数据。

#### 1．云存储结构模型

云存储结构模型主要包括存储层、基础管理层、应用接口层和访问层。

（1）存储层

存储层是云存储最基础的部分，包含各种存储设备。存储设备可以是 FC 光纤通道存储设备，可以是 NAS 和 ISCSI 等 IP 存储设备，也可以是 SCSI 或 SAS 等 DAS 存储设备。云存储中的存储设备往往数量庞大且多分布在不同地域。彼此之间通过广域网、互联网或者 FC 光纤通道网络连接在一起。存储设备是一个统一的存储设备管理系统，可以实现存储设备的逻辑虚拟化管理、多链路冗余管理，以及硬件设备的状态监控和故障维护。

（2）基础管理层

基础管理层是云存储核心的部分，也是云存储中最难以实现的部分。基础管理层通过集群、分布式文件系统和网格计算等技术，实现云存储中多个存储设备之间的协同工作，将各类存储设备抽象为虚拟化存储资源池，供用户使用。CDN 内容分发系统、数据加密技术保证云存储中的数据不会被未授权的用户所访问，同时，通过各种数据备份、容灾技术和措施可以保证云存储中的数据不会丢失，保证云存储自身的安全和稳定。

（3）应用接口层

应用接口层是云存储最灵活多变的部分。不同的云存储运营单位可以根据实际业务类型，开发不同的应用服务接口，提供不同的应用服务。如视频监控应用平台、IPTV 和视频点播应用平台、网络硬盘应用平台、远程数据备份应用平台等。

（4）访问层

任何一个授权用户都可以通过应用接口登录云存储系统，享受云存储服务。云存储运营单位不同，云存储提供的访问类型和访问手段也不同。

同云计算一样，云存储提供的是一种服务。使用者使用云存储，并不是使用某一个存储设备，而是使用整个云存储系统带来的一种数据访问服务。

**2．云存储的技术分类**

云存储主要有对象存储、块存储、文件存储等方案。

（1）对象存储

对象存储（Object Storage）是面向海量非结构化数据的通用数据存储方式，提供安全可靠、低成本的云端存储服务。非结构化数据是指视频、图像、文本、音频、动画等类型的文件格式数据。

目前对象存储服务提供标准型、低频访问型、归档型三类存储方式，标准型适合存储移动应用、大型网站、图片分享、热点音视频等场合产生的文件，其特点是访问频率较高；低频访问型适合存放访问较少但需实时响应的数据；归档型适合存储需要长期保存且访问很少的数据。这三类存储方式可以根据需要进行转换，满足客户具体需要、减低存储成本。

对象存储一般支持 API/SDK 接口、Web 控制台、图形化工具、命令行工具等多种访问方式，数据文件上传可以使用基础上传、分片上传、追加上传等多种方式，满足不同应用需求。对象存储还提供数据多重冗余备份、灵活鉴权/授权机制、防盗链、资源隔离、异地容灾等安全功能。此外，针对安防监控行业、在线直播、交互式直播等特定行业应用，对象存储还可提供专门的技术支持，适应特定需要。

（2）块存储

前面提到的 DAS、SAN 都属于块存储类型，但都难以适应云存储的需要，在云环境下，块存储将数据存储空间以"数据块"的形式在云端提供。块存储是为云服务器（云虚拟机）提供的低时延、持久性、高可靠的数据块级随机存储。块存储支持在可用区内自动复制客户数据，防止意外硬件故障导致的数据不可用，保护云客户业务免于组件故障的威胁。云客户在使用时，就像使用硬盘一样，可以对挂载到云服务器实例上的块存储做分区、创建文件系统等操作，并对数据进行持久化存储。

云服务商提供丰富的块存储产品类型，如阿里云提供的 ESSD 云盘、SSD 云盘、高效云盘、普通云盘、NVMe SSD 本地盘、SATA HDD 本地盘、SSD 共享块存储、高效共享块存储等多种磁盘类型，满足不同业务场景、不同价格的需求。并且提供数据备份、快照和镜像、数据加密等安全功能，保障云客户的数据安全。

（3）文件存储

文件存储采用 NFS 或 CIFS 命令集访问数据，以文件传输协议为基础，通过 TCP/IP 实现网络化存储。NAS 产品都是文件级存储，是一种分布式的网络文件存储，为 ECS、HPC、Docker、BatchCompute 等提供安全、无限容量、高性能、高可靠、简单易用的文件存储服务。

## 4.5 项目实训

### 4.5.1 主机虚拟化上机实践

**实训任务**

源码编译 Xen Hypervisor，创建虚拟主机。

**实训目的**

（1）掌握源码编译 Xen Hypervisor 的方法；

（2）掌握命令行创建硬件辅助虚拟机的方法；

（3）熟悉常用操作命令。

**实训步骤**

**1．准备工作**

（1）Ubuntu 操作系统镜像（dom 0：64 bit Ubuntu Desktop 16.04，HVM：64 bit Ubuntu Server 16.04，网址 https://www.ubuntu.com/download）；

（2）Xen Hypervisor 4.8.2 源码（网址 https://www.xenproject.org/downloads.html）。

**2．安装并配置环境**

（1）安装：在主机上安装 64 bit Ubuntu Desktop 16.04，其安装方法可参考文档很多，不再赘述。该操作系统就是 Xen 环境下的 dom 0，后续的步骤都在该操作系统展开。

（2）配置环境：查看 CPU 是否支持硬件虚拟化，因为 HVM 需要硬件虚拟化功能支持。如果使用 Intel CPU，则使用 grep vmx/proc/cpuinfo；如果是 AMD CPU，则使用 grep svm/proc/cpuinfo；如果查询信息有相应字段则说明 CPU 支持硬件虚拟化。

**3．配置安装源**

Ubuntu 默认安装源下载及安装速度较慢，因此需要修改软件安装源为适合本地环境的，以提高速度。修改/etc/apt/sources.list 文件，此处将安装源改用中科大的源 mirrors.ustc.edu.cn，具体命令如下：

```
$sudo vim /etc/apt/sources.list
:%s/cn.archive.ubuntu.com/mirrors.ustc.edu.cn/g  //全局替换
:%s/security.ubuntu.com/mirrors.ustc.edu.cn/g  //全局替换
$sudo apt-get update
$sudo apt-get upgrade
```

**4．接着下载编译 Xen Hypervisor 4.8.2 的相关依赖包，具体命令如下：**

```
$sudo apt-get install build-essential
$sudo apt-get install bcc bin86 gawk bridge-utils iproute libcurl3
libcurl4-openssl-dev bzip2 module-init-tools transfig tgif
```

```
        $sudo   apt-get   install   texinfo   texlive-latex-base   texlive-latex-
recommended   texlive-fonts-extra   texlive-fonts-recommended   pciutils-dev
mercurial
        $sudo apt-get install make gcc libc6-dev zlib1g-dev python python-dev
python-twisted libncurses5-dev patch libvncserver-dev libsdl-dev libjpeg62-dev
        $sudo apt-get install iasl libbz2-dev e2fslibs-dev git-core uuid-dev
ocaml ocaml-findlib libx11-dev bison flex xz-utils libyajl-dev
        $sudo  apt-get  install  gettext  libpixman-1-dev  libaio-dev  markdown
pandoc
```

5．下载完成后，对 **Xen Hypervisor** 的源码包进行解压，并进入该源码目录，进行编译安装，具体命令如下：

```
$tar -xf xen-4.8.2.tar.gz
$cd xen-4.8.2
$./configure --enable-githttp
$make XEN_TARGET_ARCH=x86_64 xen
$make tools
$sudo make XEN_TARGET_ARCH=x86_64 install-xen
$sudo make install-tools PYTHON_PREFIX_ARG=
$sudo update-grub
```

6．至此，**Xen Hypervisor** 已经编译安装成功，重启计算机，在 **Grub** 界面可看到 **Xen Hypervisor** 的选项。

7．在 **Grub** 中选择"**Xen Hypervisor**"选项，此时 **Xen Hypervisor** 先于 **Ubuntu Desktop** 启动，**Ubuntu Desktop** 则自动变成了 **dom 0**，打开命令行窗口，键入以下命令可知当前该主机上所有的虚拟机状态，现在 **Xen Hypervisor** 只有一个特权虚拟机 **dom 0**，如图 **4-13** 所示。

```
$sudo /etc/init.d/xencommons start
$sudo /etc/init.d/xendomains start
$sudo xl list
```

图 4-13　dom 0 状态信息

8．现为其创建 **HVM**。先划分虚拟硬盘，命令如下：

```
$mkdir -p /home/zz1604/hvm
$dd if=/dev/zero of=/home/zz1604/hvm/server.img bs=1024k count=50000
$cp ubuntu-16.04.3-server-amd64.iso /home/zz1604/hvm/
```

9．在目录（**/home/zz1604/hvm/**）下创建 **HVM** 的配置文件 **xen_server_ubuntu.cfg**，内容如下：

```
builder='hvm'
```

```
memory = 4096
maxmem = 4096
vcpus=4
name = "server"
disk=['file:/home/zz1604/hvm/server.img,had,w','file:/home/zz1604/hvm/
ubuntu-16.04.3-server-amd64.iso,hdc:cdrom,r' ]
```

#disk = [ 'file:/home/zz1604/hvm/server.img,had,w' ] //创建成功后，注释上一行，使用本行已经格式化成功的硬盘进行启动。

```
vif = [ '' ]
on_poweroff = 'destroy'
on_reboot = 'destroy'
on_crash = 'destroy'
#boot='cd'
boot='d'      //创建成功后，注释上一行，使用本行，目的是将启动方式从光盘改为硬盘
vnc=1
sdl=0
vnclisten="0.0.0.0"
vncconsole=1
stdvga=0
serial='pty'
vncdisplay=3
```

**10.** 创建完成后，开始启动 HVM，命令如下：

```
$cd /home/zz1604/hvm/
$sudo xl create xen_server_ubuntu.cfg
```

**11.** 使用系统自带的远程桌面连接到该 HVM，远程桌面配置如图 4-14 所示。

图 4-14　远程桌面配置

**12．连接成功后，如图 4-15 所示。**

图 4-15　HVM 启动连接成功

图中，左上角为启动 HVM 的命令行，右上角为 HVM 的登录成功界面，左下角是当前所有虚拟机的状态信息，包括 dom 0 和 HVM。

## 4.5.2　虚拟化安全实训

**实训任务**

虚拟化安全实训。

**实训目的**

（1）掌握虚拟化环境搭建方法；

（2）掌握云内部虚拟机之间的安全访问控制、微隔离方法；

（3）熟悉云内部虚拟机之间的安全入侵检测、防御配置；

（4）云内部虚拟机之间的通道加密操作。

**实训步骤**

**1．搭建虚拟化环境**

搭建一套虚拟化系统或私有云平台，作为安全实训的基础环境。

**2．部署虚拟化安全网关**

虚拟化安全网关（防火墙、IPS、VPN 等）部署如图 4-16 所示。

虚拟化云平台防护即虚拟化安全防护，其安全防护需要"南北向+东西向"全方面防护。针对虚拟化云平台南北向防护，需要支持精细化应用识别、入侵防御、虚拟通道加密等功能。同时，具备快速部署和迁移能力。借助虚拟化的优势特性，可按需部署和扩展安全服务资源，并可与现有的虚拟化云平台进行紧密集成，将管理和安全防护能力直接深入到虚拟化架构中。

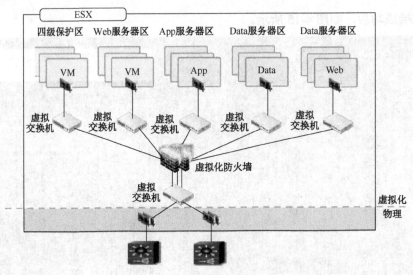

图 4-16    虚拟化安全网关部署

具体需要支持：

（1）精细化应用管控、入侵防御、攻击防护、病毒过滤、云沙箱、负载均衡、流量管理、NAT、动态路由等；

（2）支持 IPSec VPN、L2TP VPN、SSL VPN 等多种 VPN，并支持 Android、iOS 等移动设备的安全接入；

（3）支持虚拟安全网关的 HA 组网，支持配置与会话同步，实现高可靠部署。

针对虚拟化云平台东西向防护，则需要使用云内部隔离技术，云内部隔离是目前有效解决云内网络安全问题的技术方案。但要实现零信任安全模型，还必须做到深度应用识别，最低访问授权控制。支持可以基于时间、终端、应用、流量、交换关系、安全威胁等多种维度对云内网络的运行情况进行深度可视。通过直观的视图，用户可以快速查找、发现自己内部网络中安全、性能等问题。

具体需要支持：

（1）虚拟机之间的细粒度控制、流量过滤和可视化；

（2）通过虚拟内部隔离技术，可以进行 2～7 层的威胁检测，阻止攻击在域内传播；

（3）支持集中管理和灵活部署、灵活迁移，在虚拟机和物理主机之间，可以根据安全策略灵活迁移，无须人工干预，实现动态的实时安全防护。

**3．安全实训内容**

| 序号 | 实 训 内 容 | 达 到 效 果 |
|---|---|---|
| 1 | 云内部虚拟机之间的安全访问控制、微隔离 | 掌握虚拟化安全控制相关技术；<br>熟悉虚拟化安全控制操作配置、处理流程；<br>熟悉虚拟化安全隔离技术实现的安全目标 |
| 2 | 云内部虚拟机之间的安全入侵检测、防御 | 掌握虚拟化安全入侵检测相关技术；<br>熟悉虚拟化安全入侵防御操作配置、处理流程；<br>熟悉虚拟化安全入侵防御技术实现的安全目标 |
| 3 | 云内部虚拟机之间的通道加密 | 掌握虚拟化系统间 VPN 相关技术；<br>熟悉虚拟化系统间 VPN 操作配置、处理流程；<br>熟悉虚拟化系统间 VPN 技术实现的安全目标 |

【课后习题】

一、选择题

1．下列（　　）不是主机虚拟化的内容。

　　A．处理器虚拟化　　　　　　　B．内存虚拟化

　　C．I/O 虚拟化　　　　　　　　D．容器虚拟化

2．虚拟机逃逸是指（　　）。

　　A．攻击者利用漏洞，通过控制的虚拟机攻破 Hypervisor 进而对其他虚拟机展开攻击

　　B．虚拟机失去控制，被黑客利用

　　C．虚拟机上的关键数据被黑客获取，产生数据逃逸

　　D．攻击者攻击虚拟机，使其拒绝服务

3．网络虚拟化包括（多选）（　　）。

　　A．VLAN　　　　　　　　　　B．SDN

　　C．叠加（Overlay）组网技术　　D．虚拟集群

4．VPC 是指（　　）。

　　A．虚拟网络　　　　　　　　　B．虚拟私有云

　　C．虚拟 PC　　　　　　　　　 D．虚拟个人电脑

二、简答题

1．主机虚拟化安全主要从哪些方面着手？

2．分析网络虚拟化技术面临的安全问题有哪些？怎样解决？

3．说明云存储技术的主要类型。

4．试说明虚拟化技术在云计算中的作用，主要有哪些虚拟化技术，分别存在哪些安全隐患？

# 第5章 云数据安全

田 学习目标

☑ 了解密码学的基础知识；

☑ 理解古典密码、现代密码、公钥密码体制的算法；

☑ 理解密码学在数据安全中的作用；

☑ 掌握数据保密性的要求和内容；

☑ 理解云数据安全涉及的问题和技术；

☑ 掌握数据备份和数据容灾的相关知识。

数据破坏、数据丢失是目前云计算安全面临的两个最大威胁，云用户进行数字资源云化时第一关注点就是数据安全，因此数据安全在云计算安全体系中占据着重要位置。

本章将先介绍密码学的基础知识，这是所有安全技术的基础，没有密码学，就没有数据安全，也就没有云安全。

## 5.1 密码学基础

### 5.1.1 概述

#### 1. 密码学的发展历史

密码学（Cryptology）是一门既古老又现代的学科。在古代，密码学是神秘的代名词，这个时期的密码通常是由天才人物构思、猜想、设计出来的，后来在军事上获得广泛应用。到了今天，密码学是数学、计算机、电子、通信、网络等领域的交叉学科，作为现代信息系统安全保障的基础和核心，广泛应用于军事、商业和现代社会人们生产、生活的方方面面，逐步从艺术走向科学。密码学是信息安全实现 CIA 三要素（保密性、完整性、可用性）及其他安全属性的基础保证。

密码学的发展历史可以大致划分为以下四个阶段：

（1）从古代到 19 世纪末，是密码学发展早期的古典密码阶段。这一阶段，人类有众多的密码学实践。如公元前 1 世纪，古罗马恺撒大帝就使用"恺撒密码"。

（2）从 20 世纪初到 1949 年，是近代密码学的发展阶段。这一阶段人们开始使用机械代替手工计算，发明了机械密码机和机电密码机，并在战争中大量使用。此时密码算法的安全性仍然取决于对算法本身的保密。这个阶段最具代表性的密码机是 ENIGMA 转轮机。

（3）从 1949 年到 1975 年，是现代密码学发展的早期阶段。1949 年，Shannon 发表的划时代论文"保密系统的通信理论（*Communication Theory of Secrecy System*）"，为密码学奠定了理论基础，密码学从此开始成为一门科学。这一阶段，大量关于密码技术的研究报告和论文发表，揭开了密码学的神秘面纱，极大地促进了密码学理论和技术的发展。

（4）从 1976 年开始并延续至今，是公钥密码时代。1976 年，Diffie 和 Hellman 发表了题为"密码学的新方向（*New Direction in Cryptography*）"的文章，提出了公钥密码的思想，引发了密码学历史上的重大变革，产生了公钥密码体制，标志着密码学进入公钥密码学的新时代。

**2. 密码学的基本概念**

密码学作为数学的一个分支，是密码编码学和密码分析学的统称。使消息保密的科学和技术叫作密码编码学（Cryptography）。密码编码学是密码体制的设计学，即怎样编码，采用什么样的密码体制以保证信息被安全地加密。从事此行业的人员叫作密码编码者（Cryptographer）。与之相对应，密码分析学（Cryptanalysis）就是破译密文的科学和技术。密码分析学是在未知密钥的情况下从密文推演出明文或密钥的技术。密码分析者（Cryptanalyst）是从事密码分析的专业人员。

不需要任何解密工具就可以读懂内容的原始消息称为明文（Plaintext），明文变换成无法读懂的、隐蔽后的信息称为密文（Ciphertext）。由明文到密文的变换过程称作加密（Encryption），由密文到明文的变换过程称为解密（Decryption）。对明文进行加密时采取的一组规则称为加密算法，密文的接收方对密文进行解密所用的一组规则称为解密算法。加密和解密算法通常是在一组密钥（Key）控制下进行运算的，分别称为加密密钥和解密密钥。

保密通信过程如图 5-1 所示。发送方和接收方需要在消息收发前约定好密码算法，发送方使用加密密钥对明文进行加密得到密文，密文经过公开的信道进行传输；接收方收到密文后，使用商定好的密码算法，在解密密钥的作用下把密文解密成明文。在这个过程中，密码分析者窃听了发送的密文消息，但是要想从密文中获取明文消息，就必须对密文进行破译，否则只能得到难以识别的密文信息。

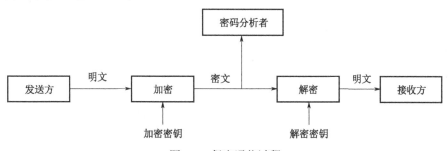

图 5-1　保密通信过程

从图 5-1 中可以看出，密码体制可以表示为一个五元组：$\{P, C, K, E, D\}$，它满足如下条件。

（1）明文空间 $P$ 是所有可能明文的有限集合；

（2）密文空间 $C$ 是所有可能密文的有限集合；

（3）密钥空间 $K$ 是一切可能密钥构成的有限集合；

（4）加密算法 $E$ 是一组由 $P$ 到 $C$ 的加密变换规则；

（5）解密算法 $D$ 是一组由 $C$ 到 $P$ 的解密变换规则。

对任意的 $k \in K$，有一个加密算法 $e_k \in E$ 和相应的解密算法 $d_k \in D$，使得 $e_k : P \to C$ 和 $d_k : C \to P$ 分别为加密函数和解密函数，满足 $d_k(e_k(m)) = m$，这里 $m \in P$。

加密变换过程可记为：$c = E_k(m)$, $m \in P$, $k \in K$；解密变换过程可记为：$m = D_k(c)$, $c \in C$, $k \in K$。

### 3．密码系统的安全性

密码系统的安全性不依赖于密码算法的保密性。1883 年科克霍夫（Kerckhoff）在其《军事密码学》中提出一个原则：密码系统中的算法即使被密码分析员所知，也应该无助于用来推导出明文或密钥。这一原则已被后人广泛接受，称为科克霍夫原则（假设），并成为密码系统设计的重要原则之一。科克霍夫原则是指系统的保密性不依赖于加密体制或算法的保密性，而依赖于密钥。这是因为攻击者可能通过逆向工程分析的方法最终获得密码算法；攻击者可以通过收集大量的明文/密文对来分析、破解密码算法；在密码算法实际使用过程中也不能排除多少了解一些算法内部机理的人有意或无意泄露算法原理。

影响密码系统安全性的基本因素包括：密码算法复杂度、密钥机密性和密钥长度等。所使用密码算法本身的复杂程度或保密强度取决于密码设计水平、破译技术等，它是密码系统安全性的保证。

密码算法的复杂性是保证算法安全的基本条件之一。如果一个密码系统使用的密码算法不够复杂，或者看起来似乎很复杂但实际存在体制上的弱点，那么就容易被攻击者利用，在不需要尝试所有密钥的情况下能轻松地破解得到明文。

除了密码算法的复杂性外，密钥长度也是保证密码系统安全性的基本因素。最简单的破解密钥的方式就是尝试各种可能的密钥，看哪一个是实际使用的密钥。在这种攻击中，要尝试的密钥数量和将要检索的整个密钥空间紧密相关，也就是与密钥的长度紧密相关。

评价一个密码系统安全性的三种方法如下。

（1）无条件安全性。这种评价方法考虑的是假定攻击者拥有无限的计算资源，但仍然无法破译该密码系统。这样的密码体制其实是不存在的，除非一次一密，即密钥空间无穷大，事实上不可能实现。

（2）计算安全性。这种方法是指如果使用目前最好的方法攻破它所需要的计算资源远远超出攻击者拥有的计算资源，则可以认为这个密码系统是安全的，也称为实际安全性。

（3）可证明安全性。这种方法是将密码系统的安全性归结为某个经过深入研究的困难问题（如大整数素因子分解、计算离散对数等）。这种评估方法存在的问题是它只说明了这个密码方法的安全性与某个困难问题相关，没有完全证明问题本身的安全性，并未给出它们的等价性证明。

对于实际使用的密码系统而言，由于至少存在一种破译方法，即暴力攻击法，因此都不能满足无条件安全性，只能达到计算安全性。密码系统要达到实际安全，就要满足以下准则：

（1）破译该密码系统的实际计算量（包括计算时间或费用）巨大，以至于在实际中是无法实现的。

（2）破译该密码系统所需要的计算时间超过被加密信息的生命周期。例如，战争中发起战斗攻击的作战命令只需要在战斗打响前保密。

（3）破译该密码系统的费用超过被加密信息本身的价值。

如果一个密码系统能够满足以上准则之一，就可以认为是实际安全的。

## 5.1.2　古典密码

古典密码以字符为基本加密单元，可用手工或机械操作实现加密、解密。根据密码变换的规则，古典密码可以分为置换密码（Permutation Cipher）和代换（替代）密码（Substitution Cipher）两类。置换密码又称换位密码（Transposition Cipher），是指变换并未改变明文的字母，但字母顺序被打乱。代换密码是明文中的每一个字符被替换成密文中的另一个字符，接收者对密文做反向替换即可恢复出明文。

### 1. 置换密码

置换密码的最早记录是 Scytale，斯巴达人于公元前 400 年应用 Scytale 加密工具在军官间传递秘密信息。Scytale 实际上是一个锥形指挥棒，周围环绕一张羊皮纸，将要保密的信息写在羊皮纸上。解下羊皮纸，上面的消息杂乱无章、无法理解，但将它绕在另一个同等尺寸的棒子上后，就能看到原始的消息，如图 5-2 所示。

类似的换位密码有很多的例子，在美国南北战争期间曾出现的加密方法也是典型的换位密码，如图 5-3 所示。明文按行写在一张格子纸上，然后再按列的方式写出密文。

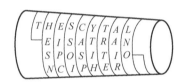

图 5-2　Scytale 加密示意图

图 5-3　换位密码的例子

### 2. 代换密码

代换，也称"代替""替换"，就是将字符用其他字符或图形代替，以隐藏消息。

在公元前 2 世纪，在古希腊出现了 Polybius 校验表，这个表实际是将字符转换为数字对（两个数字）。Polybius 校验表由一个 5×5 的网格组成（如表 5-1 所示），网格中包含 26 个英文字母，其中 I 和 J 在同一格中。每一个字母被转换成两个数字，第一个数字是字母所在的行数，第二个数字是字母所在的列数。如字母 A 就对应着 11，字母 B 就对应着 12，以此类推。使用这种密码可以将明文"Message"代换为密文"32　15　43　43　11　22　15"。

表 5-1　Polybius 校验表

|   | 1 | 2 | 3 | 4 | 5 |
|---|---|---|---|---|---|
| 1 | A | B | C | D | E |
| 2 | F | G | H | I/J | K |
| 3 | L | M | N | O | P |
| 4 | Q | R | S | T | U |
| 5 | V | W | X | Y | Z |

另一个代换密码的典型例子是"恺撒挪移码"。据传是古罗马恺撒大帝用来保护重要军情的加密系统，也称恺撒移位。通过将字母按顺序推后 3 位起到加密作用，如将字母 A 换作字母 D，将字母 B 换作字母 E。

另一个有趣的代换密码的例子是《福尔摩斯探案集》中"跳舞的小人"的故事。故事中，一个组织里的人使用姿态各异的跳舞小人来代替 26 个英文字符进行秘密通信，小人手拿的旗子表示空格，在故事中曾出现的密文如图 5-4 所示。福尔摩斯根据密文统计规律和人们的用文习惯，破译出跳舞小人与英文字符的对应关系如图 5-5 所示，最终破译整个密文。

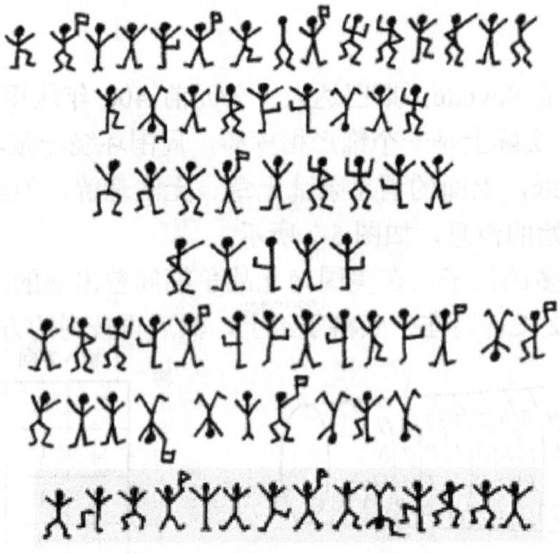

图 5-4　故事中出现的密文

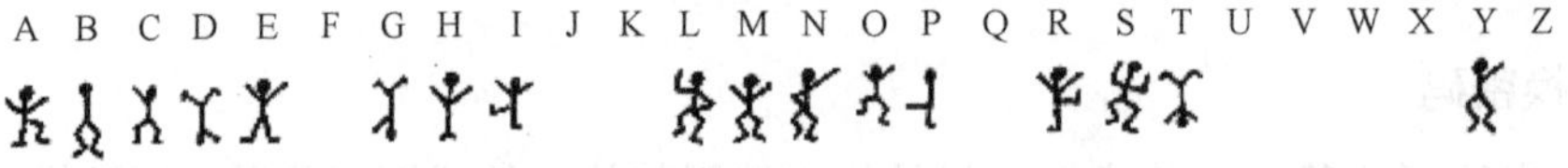

图 5-5　跳舞的小人与英文字符的对应关系

上述代换密码都属于单表代换密码，即只使用一个密文字符表。为了提高安全性，出现了多表代换密码，即使用两个或两个以上代换表依次对明文消息的字母进行代换的加密方法。历史上有名的转轮机密码（Rotor Cipher），如第二次世界大战时期，德国使用的 Enigma、盟军使用的 Hagelin、日本使用的 Purple 等都属于多表代换密码。转轮机密码通过滚筒的机械运动和简单的电子线路实现复杂的多表代换。德国 Enigma 密码机设置了 5 个滚筒，但每次使用其中的 3 个，相当于有 $26^3$=17 576 个代换表。

## 5.1.3　现代密码

古典密码体制基本上都依赖于算法的保密性，一旦算法泄露，攻击者很容易找到相应的密钥，从而破译密码。这类依赖算法保密性的密码算法被称为受限制的算法。而如果算法可以公开，即算法的安全性不是基于算法的保密性，而是基于密钥的安全性，这种算法称为基于密钥的算法。

古典密码将安全性寄希望于攻击者不了解算法的内部机理，是极其危险的。而现代密码学算法的安全性基于密钥的安全性，其算法细节是可以公开的。此外，现代密码体制加密的对象通常是经过编码的二进制数，而不再是字符。

根据加密密钥与解密密钥的关系，现代密码体制可分为对称密码体制（Symmetric Cryptosystem）和非对称密码体制（Asymmetric Cryptosystem）。对称密码体制也称单钥或私钥密码体制，其加密密钥和解密密钥相同，或实质上等同，即从一个易于推导出另一个。常见的对称密码算法包括 DES、3DES、IDEA、AES 等。非对称密码体制又称公钥密码体制，其加密密钥和解密密钥不同，从一个很难推出另一个。其中，一个可以公开的密钥称为公开密钥（Public Key），简称公钥；另一个必须保密的密钥称为私有密钥（Private Key），简称私钥。典型的公钥密码算法有 RSA、ECC、ElGamal 等。

扩散（Diffusion）和混淆（Confusion）是影响密码安全性的主要因素。在各种对称密码算法中都在想方设法增加扩散和混乱的程度，以增强密码的强度。

扩散就是重排或扩展消息中的每一个比特，将每一个比特明文或密钥的影响尽可能迅速地作用到较多的输出密文比特中。产生扩散的最简单的方法就是进行置换。

混淆是指让作用于明文的密钥与密文之间的关系变得复杂，从而增加通过统计方法进行攻击的难度。使用代换算法就可以很方便地实现混淆。

## 5.1.4　序列密码

序列密码也称为流密码（Stream Cipher），它是对称密码算法的一种。序列密码具有实现简单、便于硬件实施、加解密处理速度快、没有或只有有限的错误传播等特点，典型的应用领域包括无线通信、外交通信等。1949 年 Shannon 证明了只有"一次一密"的密码体制是绝对安全的，序列密码方案的发展是模仿"一次一密"系统的尝试，或者说"一次一密"的密码方案是序列密码的雏形。如果序列密码所使用的是真正随机的、与消息流长度相同的密钥流，则此时的序列密码就是"一次一密"的密码体制。

序列密码的安全性主要依赖于密钥序列，如果能够制造完全随机的序列作为密钥序列，则这种体制在理论上就是不可破的、无条件安全的。但完全随机的序列是不可能得到的。目前一般采用伪随机序列来代替随机序列作为密钥序列，这样，寻找伪随机序列的产生方法，就成为序列密码研究的主要问题了。

所谓伪随机序列，是指创造出的序列周期足够大，在有限长度内表现出很强的随机性。周期够长，则保密性就够好。现在周期小于 $10^{10}$ 的序列很少被采用，而周期长达 $10^{50}$ 的序列也不少见。

### 1．随机数的判定

NIST 提供了一个测试程序套件，其中包含对序列随机性测试的 16 种手段：频率检验（Frequency Test）、块内频数检验（Frequency Test within a Block）、游程检验（Runs Test）、块内最长游程检验（Test for the Longest Run of Ones in a Block）、二元矩阵秩检验（Binary Matrix Rank Test）、离散傅里叶变换检验（Discrete Fourier Transform Test）、非重叠模块匹配检验（Non-overlapping Template Matching Test）、重叠模块匹配检验（Overlapping Template Matching Test）、Maurer 的通用统计检验（Maurer's Universal Statistical Test）、Lempel-Ziv 压缩检验（Lempel-Ziv Compression Test）、线性复杂度检验（Linear Complexity Test）、序列检验（Serial Test）、近似熵检验（Approximate Entropy Test）、累加和检验（Cumulative Sums Test）、随机游动检验（Random Excursions Test）、随机游动状态频数检验（Random Excursions Variant Test）。这些测试要求所有测试序列长度都至少≥100 bit，个

别的还要满足其他要求，如 Runs Test 要求第一项测试 Frequency Test 必须通过等。

其中最基本的五项测试为：

① Frequency Test：测试整个序列中的 0，1 比例是否大致相等。这是满足随机性序列最基本的指标。

② Frequency Test within a Block：对序列进行固定分块，测试在每一个块子序列中 0，1 所占的比例是否相等。

③ Runs Test：测试各种长度的游程数的分布：$i$ 长度的游程数应占游程总数的 $1/2i$。

④ Test for the Longest Run of Ones in a Block：对序列进行固定分块，测试每个块子序列中 1 的最大步长。

⑤ Serial Test：检验序列中 00、01、10、11 这四种码出现的概率是否相等。

### 2．伪随机序列生成器

序列密码的设计核心在于密钥流生成器的设计，其产生的密钥流的周期、复杂度、随机（伪随机）特性等，都将影响密码体制的强度。

产生密钥流最重要的部件是线性反馈移位寄存器（Linear Feedback Shift Register，LFSR），该寄存器具有如下特点：LFSR 非常适合硬件实现；能够产生大的周期序列；产生的序列具有较好的统计特性；其结构能够用代数方法进行分析。

反馈移位寄存器的结构如图 5-6 所示。$a_i$ 表示 1 个存储单元，具有 0 和 1 两种状态，$a_i$ 的个数 $n$ 是反馈移位寄存器的级数，$n$ 个存储单元的值构成 $n$ 级 LFSR 的一个状态，每一次状态变化时，每一级存储器 $a_i$ 都将其内容向下一级传递，$a_n$ 的值由寄存器当前状态计算 $f(a_1,a_2,a_3,\cdots,a_n)$ 的值决定。

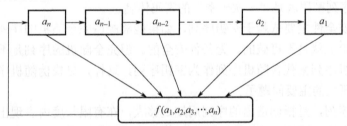

图 5-6　反馈移位寄存器的结构

如果反馈函数形如 $f(a_1,a_2,a_3,\cdots,a_n)=k_na_1\oplus k_{n-1}a_2\oplus\cdots\oplus k_1a_n$，其中系数 $k_i\in\{0,1\}(i=1,2,\cdots,n)$，则为线性函数，反馈移位寄存器就是 LFSR，否则就是非线性反馈移位寄存器（NFSR）。将系数 $k_i$ 用种子密钥 $k$ 确定，LFSR 的初始状态也确定，将其中一个存储单元的值作为输出（如 $a_1$），就构成了一个密钥流生成器。

### 3．序列密码算法

序列密码涉及大量的理论知识，提出了众多设计原理，也得到了广泛的分析，但许多研究成果并没有完全公开，这也许是因为序列密码主要应用于军事和外交等机密部门的缘故。目前，国外公开的比较常用的序列密码算法主要有 A5、RC4、SEAL 等，我国学者自主设计的算法有祖冲之序列密码算法（ZUC）等。

ZUC 算法是一个面向字设计的序列密码算法，其在 128bit 种子密钥和 128bit 初始向量控制下输出 32bit 的密钥字流。祖冲之算法于 2011 年 9 月被 3GPP LTE 采纳为国际加密标准

（标准号为 TS 35.221），即第 4 代移动通信加密标准，2016 年 10 月被发布为国家标准（标准号为 GB/T 33133—2016）。

### 5.1.5　分组密码

分组密码是将明文消息编码表示后的数字（简称明文数字）序列，划分成长度为 $N$ 的组（可看成长度为 $N$ 的矢量），每组分别在密钥的控制下变换成等长的输出数字（简称密文数字）序列。

#### 1．分组密码的结构

分组密码既要难以破解，又要易于实现，为了克服这一矛盾，分组密码一般采用轮函数 $F$ 进行迭代运算的方式来实现。如图 5-7 所示就是使用轮函数 $F$ 对明文分组 $X$ 进行 $R$ 轮运算，最终得出密文分组 $X=Y(R)$。其中使用的加密密钥，是使用初始密钥 $K$ 在密钥生成器中生成的 $R$ 个密钥：$K(1), K(2), \cdots, K(R)$。

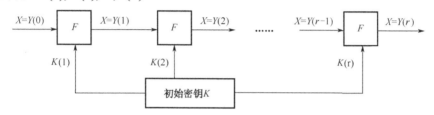

图 5-7　分组密码的一般结构

其中使用的轮函数 $F$ 有时也称"圈函数"，是经过精心设计的，是分组密码的核心。$F$ 函数一般基于代换—置换网络，代换可以起到混乱作用，而置换可以起到扩散作用。这样经过多轮变换，不断进行代换—置换—代换—置换，最终实现高强度的加密结果。

另外，分组密码还有两种类型的总体结构：Feistel 网络和 SP 网络，其主要区别在于：SP 结构每轮都改变整个数据分组，其加解密通常不相似；而 Feistel 结构每轮只改变输入分组的一半，且加解密相似，便于硬件实现。AES 使用 SP 结构，而 DES 使用的是 Feistel 结构。

#### 2．典型的分组密码算法——DES

DES 算法全称为 Data Encryption Standard，即数据加密标准，它是 IBM 公司于 1975 年研究成功的，1977 年被美国政府正式采纳作为数据加密标准。DES 算法使用一个 56 位的密钥作为初始密钥（如果初始密钥输入 64 位，则将其中 8 位作为奇偶校验位），加密的数据分组是 64 位的，输出密文也是 64 位的。

DES 算法首先对输入的 64 位明文 $X$ 进行一次初始置换 IP，IP 置换情况如图 5-8 所示，打乱原有数字顺序得到 $X_0$；接着将置换后的 64 位数字分成左右两部分，分别记为 $L_0$ 和 $R_0$，$R_1$ 直接作为下一轮变换的 $L_1$，同时 $R_0$ 经过子密钥 $K_1$ 控制下的 $F$ 变换的结果与 $L_0$ 逐位异或得到 $R_1$，这样完成第一轮的变换；接下来用类似的方法再进行 15 轮变换，将得到的 64 位分组进行一次逆初始值换 $IP^{-1}$，即得到 64 位密文分组，如图 5-9 所示。运算过程可用公式表示如下：

$$R_i = L_{i-1} \oplus f(R_{i-1}, K_i),$$
$$i = 1, 2, \cdots, 16$$
$$L_i = R_{i-1}$$

| IP | | | | | | | | | IP$^{-1}$ | | | | | | | |
|---|---|---|---|---|---|---|---|---|---|---|---|---|---|---|---|
| 58 | 50 | 42 | 34 | 26 | 18 | 10 | 2 | 40 | 8 | 48 | 16 | 56 | 24 | 64 | 32 |
| 60 | 52 | 44 | 36 | 28 | 20 | 12 | 4 | 39 | 7 | 47 | 15 | 55 | 23 | 63 | 31 |
| 62 | 54 | 46 | 38 | 30 | 22 | 14 | 6 | 38 | 6 | 46 | 14 | 54 | 22 | 62 | 30 |
| 64 | 56 | 48 | 40 | 32 | 24 | 16 | 8 | 37 | 5 | 45 | 13 | 53 | 21 | 61 | 29 |
| 57 | 49 | 41 | 33 | 25 | 17 | 9 | 1 | 36 | 4 | 44 | 12 | 52 | 20 | 60 | 28 |
| 59 | 51 | 43 | 35 | 27 | 19 | 11 | 3 | 35 | 3 | 43 | 11 | 51 | 19 | 59 | 27 |
| 61 | 53 | 45 | 37 | 29 | 21 | 13 | 5 | 34 | 2 | 42 | 10 | 50 | 18 | 58 | 26 |
| 63 | 55 | 47 | 39 | 31 | 23 | 15 | 7 | 33 | 1 | 41 | 9 | 49 | 17 | 57 | 25 |

图 5-8　IP 置换情况与 IP$^{-1}$ 置换情况

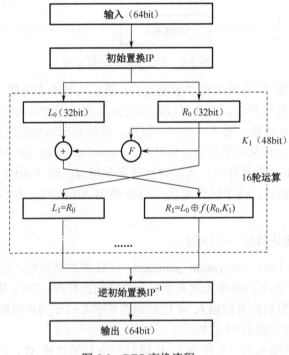

图 5-9　DES 变换流程

　　$F$ 函数变换示意图如图 5-10 所示，$F$ 函数两个输入，一个是 32bit 的 $R_{i-1}$，一个是 48bit 的 $K_i$，其输出再与 $L_{i-1}$ 逐位异或，结果作为 $R_i$。在运算中，使用了 $E$ 扩展置换、$P$ 置换，以及 $S$ 盒代换。

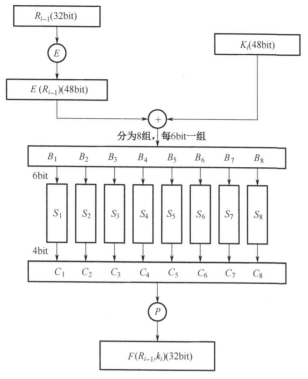

图 5-10　$F$ 函数变换示意图

轮函数运算中用到的 $E$ 扩展置换（扩张函数）、$P$ 置换如图 5-11 所示。

| E | | | | | | P | | | |
|---|---|---|---|---|---|---|---|---|---|
| 32 | 1 | 2 | 3 | 4 | 5 | 16 | 7 | 20 | 21 |
| 4 | 5 | 6 | 7 | 8 | 9 | 19 | 12 | 28 | 17 |
| 8 | 9 | 10 | 11 | 12 | 13 | 1 | 15 | 23 | 26 |
| 12 | 13 | 14 | 15 | 16 | 17 | 5 | 18 | 31 | 10 |
| 16 | 17 | 18 | 19 | 20 | 21 | 2 | 8 | 24 | 14 |
| 20 | 21 | 22 | 23 | 24 | 25 | 32 | 27 | 3 | 9 |
| 24 | 25 | 26 | 27 | 28 | 29 | 19 | 13 | 30 | 6 |
| 28 | 29 | 30 | 31 | 32 | 1 | 22 | 11 | 4 | 25 |

图 5-11　$E$ 扩展置换和 $P$ 置换

密钥 $K_i$ 的生成过程如图 5-12 所示，在生成密钥的过程中使用了 PC-1、PC-2 两个置换，如图 5-13 所示，由于这两个置换输出位数小于输入位数，故称为选择置换。

其具体过程：①输入初始密钥 64bit，经过 PC-1 置换，将奇偶校验位去掉，剩余 56bit；②分为两组，每组 28bit，分别经过一个循环左移函数 $LS_i$，再合并为 56bit；③接着经过 PC-2 置换，将 56bit 转换为 48bit 子密钥。循环进行②③，直到生成 16 轮变换所需的所有子密钥。其中的循环左移函数在每次子密钥生成中，移位位数不同，具体来讲，当 $i=1,2,9,16$ 时，移位位数为 1，当 $i=3,4,5,6,7,8,10,11,12,13,14,15$ 时，移位位数为 2。

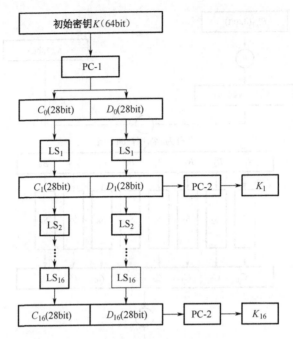

图 5-12  密钥 $K_i$ 的生成过程

| PC-1 | | | | | | | PC-2 | | | | | |
|---|---|---|---|---|---|---|---|---|---|---|---|---|
| 57 | 49 | 41 | 33 | 25 | 17 | 9 | 14 | 17 | 11 | 24 | 1 | 5 |
| 1 | 58 | 50 | 42 | 34 | 26 | 18 | 3 | 28 | 15 | 6 | 21 | 10 |
| 10 | 2 | 59 | 51 | 43 | 35 | 27 | 23 | 19 | 12 | 4 | 26 | 8 |
| 19 | 11 | 3 | 60 | 52 | 44 | 36 | 16 | 7 | 27 | 20 | 13 | 2 |
| 63 | 55 | 47 | 39 | 31 | 23 | 15 | 41 | 52 | 31 | 37 | 47 | 55 |
| 7 | 62 | 54 | 46 | 38 | 30 | 22 | 30 | 40 | 51 | 45 | 33 | 48 |
| 14 | 6 | 61 | 53 | 45 | 37 | 29 | 44 | 49 | 39 | 56 | 34 | 53 |
| 21 | 13 | 5 | 28 | 20 | 12 | 4 | 46 | 42 | 50 | 36 | 29 | 32 |

图 5-13  选择置换 PC-1、PC-2

在轮函数中使用的置换盒（$S$ 盒）是经过精心设计的，$S$ 盒共 8 个，每个 $S$ 盒输入为 6bit，输出为 4bit，$S$ 盒的构成如图 5-14 所示，这里展示了三个 $S$ 盒，即 $S_1$、$S_5$ 和 $S_8$。给定 6 位输入后，输出行由外侧 2 位确定，列由内部 4 位确定，每张表的行号分别为"00、01、10、11"，图中使用的是十进制数，即为"0、1、2、3"，列同样使用十进制数"0～15"表示二进制数"0000～1111"。

如"010011"的输入的外侧位为"01"，内侧位为"1001"，在 $S_5$ 中的对应行为 1，列为 9，输出为 0，即为 4 位二进制数"0000"。

DES 算法综合应用了置换、代换、移位等多种密码技术，是一种乘积密码，在结构上使用了迭代运算，结构紧凑、条理清楚、便于实现。算法中只有 $S$ 盒变换为非线性变换，其余变换都是线性变换，其保密性的关键在 $S$ 盒。DES 算法密钥只有 56bit，这显然难以满足需要，1997 年 4 月 15 日美国国家标准技术研究所（NIST）发起征集 AES（Advanced Encryption Standards）算法的活动，以取代 DES，其基本要求是比三重 DES 算法快而且更安全，分组长度要求为 128bit，密钥长度为 128/192/256bit。所谓三重 DES，指的是完成三次完整的 DES 运算（16 轮 DES 称为完整的 DES），一般组成有 $E_{k1}E_{k2}E_{k3}$、$E_{k1}D_{k2}E_{k3}$、$E_{k1}E_{k2}E_{k1}$、$E_{k1}D_{k2}E_{k1}$（$E$ 表示加密，$D$ 表示解密，下标表示密钥）。

|       |   | 0 | 1 | 2 | 3 | 4 | 5 | 6 | 7 | 8 | 9 | 10 | 11 | 12 | 13 | 14 | 15 |
|-------|---|---|---|---|---|---|---|---|---|---|---|----|----|----|----|----|----|
| $S_1$ | 0 | 14 | 4 | 13 | 1 | 2 | 15 | 11 | 8 | 3 | 10 | 6 | 12 | 5 | 9 | 0 | 7 |
|       | 1 | 0 | 15 | 7 | 4 | 14 | 2 | 13 | 1 | 10 | 6 | 12 | 11 | 9 | 5 | 3 | 8 |
|       | 2 | 4 | 1 | 14 | 8 | 13 | 6 | 2 | 11 | 15 | 12 | 9 | 7 | 3 | 10 | 5 | 0 |
|       | 3 | 15 | 12 | 8 | 2 | 4 | 9 | 1 | 7 | 5 | 11 | 3 | 14 | 10 | 0 | 6 | 13 |

|       |   | 0 | 1 | 2 | 3 | 4 | 5 | 6 | 7 | 8 | 9 | 10 | 11 | 12 | 13 | 14 | 15 |
|-------|---|---|---|---|---|---|---|---|---|---|---|----|----|----|----|----|----|
| $S_5$ | 0 | 2 | 12 | 4 | 1 | 7 | 10 | 11 | 6 | 8 | 5 | 3 | 15 | 13 | 0 | 14 | 9 |
|       | 1 | 14 | 11 | 2 | 12 | 4 | 7 | 13 | 1 | 5 | 0 | 15 | 13 | 3 | 9 | 8 | 6 |
|       | 2 | 4 | 2 | 1 | 11 | 10 | 13 | 7 | 8 | 15 | 9 | 12 | 5 | 6 | 3 | 0 | 14 |
|       | 3 | 11 | 8 | 12 | 7 | 1 | 14 | 2 | 13 | 6 | 15 | 0 | 9 | 10 | 4 | 5 | 3 |

|       |   | 0 | 1 | 2 | 3 | 4 | 5 | 6 | 7 | 8 | 9 | 10 | 11 | 12 | 13 | 14 | 15 |
|-------|---|---|---|---|---|---|---|---|---|---|---|----|----|----|----|----|----|
| $S_8$ | 0 | 2 | 12 | 4 | 1 | 7 | 10 | 11 | 6 | 5 | 8 | 3 | 15 | 13 | 0 | 14 | 9 |
|       | 1 | 14 | 11 | 2 | 12 | 4 | 7 | 13 | 1 | 5 | 0 | 15 | 13 | 3 | 9 | 8 | 6 |
|       | 2 | 4 | 2 | 1 | 11 | 10 | 13 | 7 | 8 | 15 | 9 | 12 | 5 | 6 | 3 | 0 | 14 |
|       | 3 | 11 | 8 | 12 | 7 | 1 | 14 | 2 | 13 | 6 | 15 | 0 | 9 | 10 | 4 | 5 | 3 |

图 5-14　DES 算法变换中的 $S$ 盒（部分）

### 3. 其他典型的分组密码简介

（1）AES 算法

2000 年 10 月 2 日，NIST 正式宣布选 Rijndael 算法作为高级数据加密标准（AES），该算法采用的是 SP 结构，每一轮由三层组成：线性混合层确保多轮之上的高度扩散；非线性层由非线性 $S$ 盒构成，起到混淆作用；密钥加密层的子密钥简单地异或到中间状态上。Rijndael 算法是一个数据块长度和密钥长度都可变的迭代分组密码算法，数据块长度和密钥长度可分别为 128bit、192bit、256bit，可以应用于不同密码强度要求的场合。

（2）Camellia 算法

Camellia 算法是日本电报电话公司和日本三菱电子公司联合设计的，支持 128bit 分组大小，129bit、192bit、256bit 密钥长度，和 AES 有着相同的安全限定。Camellia 算法是 NESSIE 推荐作为的 128bit 长度的欧洲数据加密标准分组密码算法之一，另一个是 AES 算法。NESSIE（New European Schemes For Signature，Integrity，and Encryption）是欧洲信息社会技术委员会计划出资 33 亿欧元支持的一项工程，旨在建立一套完整的数字签名、完整性认证、加密方案的新欧洲方案。

（3）IDEA 国际数据加密算法

IDEA 是旅居瑞士的中国学者来学嘉和著名密码专家 J. Massey 于 1990 年提出的。它在 1990 年正式公布并在以后得到增强。这种算法是在 DES 算法的基础上发展出来的，类似于三重 DES 算法。IDEA 算法的密钥为 128bit。IDEA 算法也是一种数据块加密算法，它设计了一系列加密轮次,每轮加密都使用从完整的加密密钥中生成的一个子密钥。与 DES 算法的不同处在于,它采用软件实现和采用硬件实现同样快速。由于 IDEA 算法是在美国之外提出并发展起来的,避开了美国法律对加密技术的诸多限制,因此,有关 IDEA 算法和实现技术的书籍都可以自由出版和交流,可极大地促进 IDEA 算法的发展和完善。

(4)RC 系列密码算法

RC1 未公开出版。

RC2 是 1987 年公布的 64bit 分组密码。

RC3 在应用之前就已经被攻破,没有使用。

RC4 是世界上目前使用最广泛的流密码。

RC5 是 1994 年开发的 32bit、64bit、128bit 可变分组长度的分组密码。

RC6 是分组长度为 128bit 的分组密码,很大程度上基于 RC5,是于 1997 年开发的,曾入围 AES 算法筛选。

(5)SM1、SM4 算法

SM1 算法是我国国家密码管理部门审批的分组密码算法,分组长度和密钥长度都为 128bit,算法安全保密强度及相关软/硬件实现性能与 AES 算法相当,该算法不公开,仅以 IP 核的形式存在于芯片中。采用该算法已经研制了系列芯片、智能 IC 卡、智能密码钥匙、加密卡、加密机等安全产品。该算法广泛应用于电子政务、电子商务及国民经济的各个应用领域(包括国家政务通、警务通等重要领域)。

SM4 算法为无线局域网标准的分组数据算法,该算法的分组长度为 128bit,密钥长度为 128bit。加密算法与密钥扩展算法都采用 32 轮非线性迭代结构。2017 年 3 月正式作为国家标准使用(参见《信息安全技术 SM4 分组密码算法》GB/T 32907—2016)。

### 5.1.6 公钥密码

公钥密码体制的发展是整个密码学发展史上的一次伟大革命,它与以前的密码体制完全不同。公钥密码算法基于数学问题求解的困难性,而不再基于代替和换位方法。公钥密码体制是非对称的,它使用两个独立的密钥,一个可以公开,称为公钥;另一个不能公开,称为私钥。公开密钥密码体制与对称密码体制的比较如表 5-2 所示。

**表 5-2  公开密钥密码体制与对称密码体制的比较**

| 分类 | 对称密码体制 | 公开密钥密码体制 |
|---|---|---|
| 运行条件 | 加密和解密使用同一个密钥和同一个算法 | 用同一个算法进行加密和解密,而密钥有一对,其中一个用于加密,另一个用于解密 |
| | 发送方和接收方必须共享密钥和算法 | 发送方和接收方使用一对相互匹配,而又彼此互异的密钥 |
| 安全条件 | 密钥必须保密 | 密钥对其的私钥必须保密 |
| | 如果不掌握其他信息,要想解密报文是不可能或至少是不现实的 | 如果不掌握其他信息,要想解密报文是不可能的或者至少是不现实的 |
| | 知道所用的算法加上密文的样本必须不足以确定密钥 | 知道所用的算法、公钥和密文的样本必须不足以确定私钥 |
| 运行速度 | 加密、解密处理速度快 | 加密、解密处理速度较慢 |
| | 同等安全强度下对称密钥密码体制的密钥位数要求少一些 | 同等安全强度下公开密钥密码体制的密钥位数要求多一些 |

### 1. RSA 公钥加密算法

RSA 公钥加密算法是 1977 年由 Ron Rivest、Adi Shamirh 和 Len Adleman 在美国麻省理工学院开发的。RSA 是目前最有影响力的公钥加密算法，它能够抵挡到目前为止已知的所有密码攻击，已被 ISO 推荐为公钥数据加密标准。RSA 算法基于一个十分简单的数论事实：将两个大素数相乘十分容易，但是想要对其乘积进行因式分解却极其困难，因此可以将乘积公开作为加密密钥。

（1）RSA 算法描述

首先选取两个不同的大素数 $p$，$q$，得到 $n = p \times q$，$\varphi(n) = (p-1) \times (q-1)$；然后随机选取一个正整数 $e$，满足 $\gcd(e, \varphi(n)) = 1$；最后求出 $d = e^{-1} \bmod (\varphi(n))$。

这样，RSA 算法涉及的参数：$p, q, n, e, d$ 都得到了。其相互关系可以概括为：$n$ 是两个大素数 $p, q$ 的乘积，$n$ 的二进制表示时所占用的位数就是密钥长度；$e, d$ 互为模 $\varphi(n)$ 时的逆元。

在进行加解密时，$(p, q, d)$ 作为私钥，$(n, e)$ 作为公钥公开。使用公钥进行加密，使用私钥进行解密。对明文 $M$ 进行加密的过程为：$C = M^e \bmod n$。对密文 $C$ 进行解密的过程为：$M = C^d \bmod n$。

（2）算法的特点

RSA 算法的安全性依赖于大数的因子分解，但并没有从理论上证明破译 RSA 算法的难度与大数分解难度等价。即 RSA 算法的重大缺陷是无法从理论上把握它的保密性能如何，而且密码学界多数人士倾向于因子分解不是 NPC 问题。

RSA 算法的缺点主要有：①产生密钥很麻烦，受到素数产生技术的限制，因而难以做到一次一密。②分组长度太大，为保证安全性，$n$ 至少也要在 600bit 以上，使运算代价很高，尤其是速度较慢，比对称密码算法慢几个数量级；且随着大数分解技术的发展，这个长度还在增加，不利于数据格式的标准化。目前，SET（Secure Electronic Transaction）协议中要求 CA 采用 2048bit 长的密钥，其他实体使用 1024bit 的密钥。③RSA 算法密钥长度随着保密级别的提高增加很快。

### 2. ElGamal 算法

ElGamal 算法是一种较为常见的加密算法，它基于 1984 年提出的公钥密码体制和椭圆曲线加密体系。ElGamal 算法既能用于数据加密也能用于数字签名，其安全性依赖于计算有限域上离散对数这一难题。在加密过程中，生成的密文长度是明文的两倍，且每次加密后都会在密文中生成一个随机数。

产生密钥对的方法。选择一个素数 $p$，两个小于 $p$ 的随机数 $g, x$，计算 $y = g^x \bmod p$，则其公钥为 $(y, g, p)$，私钥是 $x$。$g$ 和 $p$ 可由一组用户共享。

ElGamal 用于数字签名时，设被签信息为 $M$，首先选择一个随机数 $k$，与 $p-1$ 互素，计算 $a = g^k \bmod p$，再用扩展 Euclidean 算法对下面的方程求解 $b$：$M = (xa + kb) \bmod (p-1)$，签名就是 $(a, b)$。随机数 $k$ 须丢弃。

验证时要验证：$y^a \times a^b \bmod p = g^M \bmod p$，同时一定要检验是否满足 $1 \leqslant a < p$，否则签名容易被伪造。

ElGamal 用于加密。被加密信息为 $M$，选择一个与 $p-1$ 互素的随机数 $k$，计算：$a = g^k \bmod p$，$b = y^k M \bmod p$，$(a,b)$ 为密文，是明文的两倍长。解密时计算：$M = b / a^x \bmod p$。

ElGamal 签名的安全性依赖于乘法群（IF$p$）* 上的离散对数计算。素数 $p$ 必须足够大，且 $p-1$ 至少包含一个大素数因子以抵抗 Pohlig & Hellman 算法的攻击。$M$ 一般都应采用信息的 Hash 值（如 SHA 算法）。ElGamal 的安全性主要依赖于 $p$ 和 $g$，若选取不当则签名容易被伪造，应保证 $g$ 对于 $p-1$ 的大素数因子不可约。

### 3. ECC 算法

1985 年，N. Koblitz 和 V. Miller 分别独立提出了椭圆曲线密码体制（Elliptic Curve Crytography，ECC）。其依据是椭圆曲线点群上的离散对数问题的难解性。椭圆曲线公钥密码算法是 RSA 算法强有力的竞争者。与 RSA 算法相比，椭圆曲线加密算法安全性更高，计算量小，处理速度快，存储空间占用少，带宽要求低。它在许多计算资源受限的环境，如移动通信、无线设备等领域，得到广泛应用。ECC 算法的这些特点使其有可能在某些领域（如手机、平板电脑、智能卡）取代 RSA 算法，并成为通用的公钥加密算法。表 5-3 中比较了 ECC 算法和 RSA 算法的安全强度。

表 5-3　算法 ECC 与 RSA 算法的安全强度比较

| ECC 算法密钥长度（bit） | RSA 算法密钥长度（bit） | MIPS（年） |
| --- | --- | --- |
| 106 | 512 | $10^4$ |
| 132 | 768 | $10^8$ |
| 160 | 1024 | $10^{12}$ |
| 211 | 2048 | $10^{20}$ |
| 320 | 5120 | $10^{36}$ |
| 600 | 21 000 | $10^{78}$ |
| 1200 | 120 000 | $10^{168}$ |

### 4. SM2 算法

SM2 算法是国家密码管理局于 2010 年 12 月 17 日发布的椭圆曲线公钥密码算法，在我国商用密码体系中被用来替换 RSA 算法。目前已经成为国家标准（GB/T 32918—2016），并于 2017 年 3 月 1 日正式实施。

SM2 算法采用的椭圆曲线方程为：$y^2 = x^3 + ax + b$。在 SM2 算法标准中，通过指定 $a$、$b$ 系数，确定了唯一的标准曲线。同时，为了将曲线映射为加密算法，SM2 标准中还确定了其他参数，供算法程序使用。这里以 $a = -1$，$b = 0$ 为例，说明算法原理，不对其数学理论做深入探讨，曲线如图 5-15 所示。

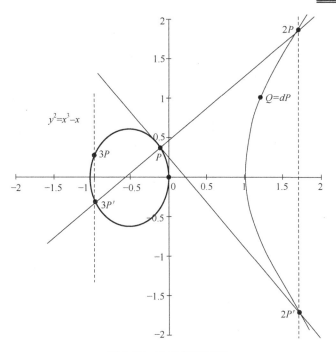

图 5-15  SM2 算法原理

在图 5-15 中：

（1）$P$ 点为基点；

（2）通过 $P$ 点作切线，交于 $2P$ 点，在 $2P'$ 点作垂线，交于 $2P$ 点，$2P$ 点即为 $P$ 点的 2 倍点；

（3）进一步，$P$ 点和 $2P$ 点之间作直线，交于 $3P'$ 点，在 $3P'$ 点作垂线，交于 $3P$ 点，$3P$ 点即为 $P$ 点的 3 倍点；

（4）同理，可以计算出 $P$ 点的 4, 5, 6, …倍点；

（5）如果给定图上 $Q$ 点是 $P$ 的一个倍点，请问 $Q$ 是 $P$ 的几倍点呢？

（6）直观上理解，正向计算一个倍点是容易的，反向计算一个点是 $P$ 的几倍点则困难得多。

在椭圆曲线算法中，将倍数 $d$ 作为私钥，将 $Q$ 作为公钥。当然，椭圆曲线算法的具体实施比图中所示要复杂得多。

SM2 密码算法包括 SM2-1 椭圆曲线数字签名算法、SM2-2 椭圆曲线密钥交换协议、SM2-3 椭圆曲线公钥加密算法，分别用于实现数字签名密钥协商和数据加密等功能。SM2 算法与 RSA 算法不同的是，SM2 算法基于椭圆曲线上点群离散对数难题，速度安全性要高得多。

## 5.1.7  Hash 函数

Hash 函数，也称作哈希函数、散列函数、杂凑函数，是把任意长度的输入变换成固定长度的输出的算法。哈希函数是进行消息认证的基本方法，其主要用途是消息完整性检测和数字签名。

### 1．Hash 函数的特点

哈希函数接收一个消息作为输入，产生一个散列值作为输出，也可称为消息摘要。更准确地说，哈希函数是将任意有限长度比特串映射为固定长度的比特串，$h = H(M)$，$M$ 是变长的报文，$h$ 是定长的散列值。设 $x, y$ 是两个不同的消息，如果 $H(X) = H(Y)$，则称 $x$ 和 $y$ 是哈希函数 $H$ 的一个（对）碰撞（Collision）。

哈希函数的特点是它能够应用到任意长度的数据上，并且能够生成大小固定的输出。对于任意给定的 $x$，$H(x)$ 的计算相对简单，易于软/硬件实现。安全的哈希函数需要满足以下性质：

（1）单向性：对任意给定值 $h$，寻求 $x$ 使 $H(x) = h$ 在计算上不可行；

（2）弱抗碰撞性：任意给定消息 $x$，寻求不等于 $x$ 的 $y$，使得 $H(y) = H(x)$ 在计算上不可行；

（3）强抗碰撞性：寻求任何不相等的 $(x, y)$ 对，使 $H(y) = H(x)$ 在计算上不可行。

### 2．常见的 Hash 函数

（1）MD5 算法

MD 系列算法都是由 Ronald L.Rivest 设计的单向哈希函数，包括 MD2、MD3、MD4 和 MD5，其中 MD5 算法是 MD4 算法的改进版，两者采用了类似的设计思想和原则，对于任意长度的输入消息 $M$，都产生长度为 128 bit 的哈希输出值。但 MD5 算法比 MD4 算法更复杂一些，其安全性也更高。MD5 算法由标准 RFC1321 给出。

（2）SHA 算法

安全哈希算法（Secure Hash Algorithm，SHA）由美国标准与技术研究所设计，并于 1993 年作为联邦信息处理标准发布，规定了 SHA-1、SHA-224、SHA-256、SHA-384 和 SHA-512 等几种哈希算法，后面几种也被合并称为 SHA-2 算法，近年来又征集了 SHA-3 算法。

（3）SM3 算法

我国密码学家王小云教授在 2004 年国际密码学大会上宣布了她及其研究小组的研究成果——对 MD5、HAVAL-128、MD4 和 RIPEMD 等四个著名 Hash 函数算法的破解结果，引起轰动。之后的 2005 年 2 月，再次宣布破解了 SHA-1 算法。

2005 年起，为了应对 SHA-1 的攻击，NIST 就开始探讨向全球密码学者征集新的 Hash 函数算法标准的可行性，并于 2007 年启动了新 Hash 函数 SHA-3 五年设计工程。

同一时期，王小云教授带领国内专家为我国设计了第一个 Hash 函数算法标准 SM3。SM3 算法的输出长度为 256 bit，自 2010 年公布以来，经过国内外密码专家的评估，其安全性得到高度认可。目前 SM3 算法已在高速公路联网 ETC 中广泛使用，并且在全国教育信息系统、居民健康卡、社保卡、工业控制系统等领域推广使用。2016 年 8 月 29 日，SM3 算法被发布为国家标准，2017 年 3 月 1 日正式实施，相应标准为《信息安全技术 SM3 密码杂凑算法》（GB/T 32905—2016）。

### 5.1.8　数字签名

在电子商务中，交易的不可否认性非常重要。它一方面要防止发送方否认曾经发送过的消息，另一方面还要防止接收方否认曾经接收过的消息，以避免通信双方可能存在欺骗和抵赖，数字签名是解决这类问题的有效方法。

数字签名是指附加在消息上的一些数据，或是对消息所做的密码变换，这种附加数据或密码变换能使消息的接收者确认消息的来源和消息的完整性，防止被人伪造。

基于公钥的数字签名过程与数据加密过程是不一样的。在数据加密过程中，发送者使用接收者的公钥加密所发送的数据，接收者使用自己的私钥来解密数据，目的是保证数据的机密性；在数字签名过程中，签名者使用自己的私钥签名关键性信息（如信息摘要）发送给接收者，接收者使用签名者的公钥来验证签名信息的真实性。

#### 1. 数字签名的主要特性

数字签名具有如下特性时，才能用在电子交易中，以保障使用者的合法权益。

（1）不可伪造性：如果不知道签名者的私钥，敌手很难伪造一个合法的数字签名。

（2）不可否认性：对普通数字签名，任何人可用签名者的公钥验证签名的有效性。由于签名的不可伪造性，签名者无法否认自己的签名。此性质使签名接收者可以确认消息的来源，也可以通过第三方仲裁来解决争议和纠纷。

（3）消息完整性：可以防止消息被篡改。

按照对消息的处理方式不同，数字签名可以分为两类：一类是直接对消息签名，相当于直接对明文消息使用私钥进行了加密；另一种是对消息摘要的签名，它是附加在被签名消息之后或某一特定位置上的一段签名信息。通常采用后面一种，因为消息可能位数较多，使用公钥密码算法进行加解密操作耗时长、速度慢。

若按明文和密文的对应关系划分，以上每一种数字签名又可以分为两个子类：确定性数字签名，明文与密文一一对应，对一个特定消息的签名，签名保持不变，如 RSA 签名、Rabin 签名；随机化或概率式数字签名，它对同一消息的签名是随机变化的，取决于签名算法中的随机参数的取值。一个明文可能有多个合法数字签名，如 ElGamal 签名。

#### 2. RSA 数字签名过程

使用 RSA 算法和哈希函数能为数字签名提供一种简单而有效的实现方法，假设 A 向 B 发送一个消息 $M$，需要使用数字签名来保证发送消息的真实性，下面描述使用 RSA 算法和 SHA-1 算法对消息 $M$ 进行签名和签名认证的过程，如图 5-16（a）所示。图 5-16（b）中既有公钥签名验证又有对称算法加解密，其过程由读者自行解读。

（1）A 先使用 SHA-1 算法计算消息 $M$ 的哈希值，然后用 A 自己的私钥对该哈希值进行签名（数学上即加密该哈希值），生成签名 $S$；

（2）A 将消息 $M$ 和签名 $S$ 发送给 B；

（3）B 使用 A 的公钥解密 $S$（验证签名），得到一个哈希值 $H$，然后对明文信息 $M$ 计算 SHA-1 算法的哈希值，并比较两个哈希值是否一致，如果一致，说明验证签名成功，否则验证失败。

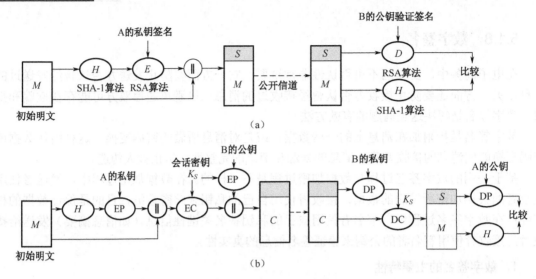

图 5-16　数字签名过程

### 3．数字签名标准

（1）美国数字签名标准 DSS

数字签名标准（Digital Signature Standard，DSS）是由 NIST 提出的，1994 年 12 月被正式采用为美国联邦信息处理标准。DSA（Digital Signature Algorithm）是 DSS 中提出的数字签名算法。DSA 算法属于公开密钥算法，可用于接收者验证数据的完整性和数据发送者的身份，也可用于第三方验证签名和所签名数据的真实性。DSA 算法的安全性基于解离散对数问题的困难性，该签名标准具有较强的兼容性和适用性。

DSA 算法有以下主要特点。

1）DSA 算法只能用于签名，不能用于加密，也不能用于密钥分配。

2）DSA 算法是 ElGamal 签名方案的一个变形，有关 ElGamal 签名方案的一些攻击方法也可能对 DSA 算法有效。

3）DSA 算法的密钥长度最初设置为 512bit，难以提供较好的安全性。NIST 后来将密钥长度调整为在 512～1024bit 之间可变，提高了算法的安全性。

4）DSA 算法的速度比 RSA 算法慢。二者签名计算时间大致相同，但 DSA 算法验证签名的速度是 RSA 算法的 1～100 倍。

（2）我国国家标准 SM2、SM9

SM2 和 SM9 数字签名算法是我国 SM2 椭圆曲线密码算法标准和 SM9 标识密码算法标准的重要组成部分，用于实现数字签名，保障身份的真实性、数据的完整性和行为的不可否认性等，是网络空间安全的核心技术和基础支撑。2017 年 11 月 3 日，在第 55 次 ISO/IEC 联合技术委员会信息安全技术分委员会（SC27）德国柏林会议上，含有我国 SM2 与 SM9 数字签名算法的 ISO/IEC14888-3/AMD1《带附录的数字签名第 3 部分：基于离散对数的机制-补篇 1》获得一致通过，成为 ISO/IEC 国际标准，进入标准发布阶段。

## 5.1.9  PKI

公钥基础设施（Public Key Infrastructure，PKI）是利用公钥理论和技术建立的提供信息安全服务的基础设施，是生成、管理、存储、分发和吊销基于公钥密码学的公钥证书所需要的硬件、软件、人员、策略和规程的总和，提供身份鉴别和信息加密，保证消息的数据完整性和不可否认性。简单而言，PKI 既能提供基于公钥密码技术的安全服务，又能提供公开密钥的管理功能。

PKI 是一种普遍适用的网络信息安全基础设施，最早是 20 世纪 80 年代由美国学者提出来的概念，实际上，授权管理基础设施、可信时间戳服务系统、安全保密管理系统、统一的安全电子政务平台等系统的构筑都离不开它的支持，它是目前公认的保障网络信息安全的最佳体系。

### 1．PKI 的组成

PKI 包括权威认证机构 CA（如政府部门）、证书库、密钥备份及恢复系统、证书作废管理系统、PKI 应用接口系统等主要组成部分，各部分组成及主要功能如下。

（1）认证机构 CA。它是证书的签发机构，它是 PKI 的核心，是 PKI 中权威的、可信任的、公正的第三方机构。

（2）证书库。它是数字证书的集中管理存放地，提供公众查询。数字证书（Digital Certificate）就是标志网络用户身份信息的一系列数据，用来在网络通信中识别通信各方的身份，数字证书是一个经证书授权中心数字签名的包含公开密钥拥有者信息及公开密钥的文件。证书包含的信息：证书使用者的公钥值、使用者的标识信息、证书的有效期、颁发者的标识、颁发者的数字签名等。

（3）密钥备份及恢复系统。对用户的解密密钥进行备份，当丢失时进行恢复，而签名密钥则不能备份和恢复。

（4）证书作废管理系统。当证书由于某种原因（密钥丢失、泄密、过期等）需要作废、终止使用时，将证书放入证书作废列表 CRL 进行管理、存放，提供公众查询。

（5）PKI 应用接口系统。为各种各样的应用提供安全、一致、可信任的接口，与 PKI 系统进行交互，确保所建立起来的网络环境安全可信，并降低管理成本。

### 2．PKI 的特点

PKI 作为一种信息安全基础设施，其目标就是要充分利用公钥密码学的理论基础，建立一种普遍适用的基础设施，为各种网络应用提供全面的安全服务。

PKI 作为基础设施，提供的服务必须简单易用，便于实现。将 PKI 在网络信息空间的地位与电力基础设施在工业生活中的地位进行类比可以更好地理解 PKI。电力基础设施，通过延伸到用户的标准插座为用户提供能源；而 PKI 通过延伸到用户本地的接口，为各种应用提供安全的服务。有了 PKI，安全应用程序的开发者可以不用再关心那些复杂的数学运算和模型，而直接按照标准使用一种插座（接口）。正如电冰箱的开发者不用关心发电机的原理和构造一样，只要开发出符合电力基础设施接口标准的应用设备，就可以享受基础设施提供的能源。

PKI 与应用的分离也是 PKI 作为基础设施的重要特点。正如电力基础设施与电器的分离一样。网络应用与安全基础设施实现分离，有利于网络应用更快地发展，也有利于安全基础设施更好地建设。正是由于 PKI 与其他应用能够很好地分离，才能将其称为基础设施。PKI 与网络应用的分离，实际上就是网络社会的一次分工，可以促进各自独立发展，并在使用中实现无缝结合。

CA 认证系统要在满足安全性、易用性、扩展性等需求的同时，从物理安全、环境安全、网络安全、CA 产品安全，以及密钥管理和操作运营管理等方面按严格的标准制定相应的安全策略，还要有专业化的技术支持力量和完善的服务系统，保证系统 7×24 小时高效、稳定地运行。

### 3. PKI 的功能

PKI 可以解决绝大多数信息安全管理问题，并初步形成了一套完整的解决方案，为网上金融、网上银行、网上证券、电子商务、电子政务、网上交税、网上工商等多种网上办公、交易提供了完备的安全服务功能，这是公钥基础设施最基本、最核心的功能。

PKI 系统提供的功能是指 PKI 的各个功能模块分别具有的功能，主要包括证书的审批和颁发、密钥的产生和分发、证书查询、证书撤销、密钥备份和恢复、证书撤销列表管理等。

PKI 体系提供的安全服务功能主要包括：身份认证、数据完整性、数据机密性、不可否认性、时间戳服务等。

（1）身份认证

目前，实现身份认证的技术手段很多，通常有口令技术+ID（实体唯一标识）、双因素认证、挑战应答式认证、Kerberos 认证系统、X.509 证书及认证框架。这些不同的认证方法所提供的安全认证强度也不一样，具有各自的优势、不足。

PKI 认证技术使用的是基于公钥密码体制的数字签名。PKI 体系通过权威认证机构 CA 为每个参与交易的实体签发数字证书，数字证书中包含证书所有者的信息、公开密钥、证书颁发机构的签名、证书的有效期等信息，私钥由每个实体自己掌握并防止泄密。在交易时，交易双方可以使用自己的私钥进行签名，并使用对方的公钥对签名进行认证。

（2）数据完整性

数据完整性就是防止篡改信息，如修改、复制、插入、删除数据等。在密码学中，通过采用安全的散列函数（杂凑函数，Hash 函数）和数字签名技术实现数据完整性保护，特别是双重数字签名可以用于保证多方通信时的数据完整性。通过构造杂凑函数，对所要处理的数据计算出固定长度（如128bit）的消息摘要或称消息认证码（MAC），在传输或存储数据时，附带上该消息的 MAC，通过验证该消息的 MAC 是否改变来高效、准确地判断原始数据是否改变，从而保证数据完整性。

（3）数据机密性

数据机密性就是对传输的数据进行加密，从而保证在数据传输和存储中，未授权的人无法获取真实的信息。数据的加解密操作通常用到对称密码，这就涉及会话密钥分配的问题，PKI 体系下可以通过公钥密码分配方案很容易地解决密钥分配问题。

（4）不可否认性

不可否认性是指参与交互的双方都不能事后否认自己曾经处理过的每笔业务。具体来说主要包括数据来源的不可否认性、发送方的不可否认性，以及接收方在接收后的不可否认性，还有传输的不可否认性、创建的不可否认性和同意的不可否认性等。PKI 所提供的不可否认功能，是基于数字签名及其所提供的时间戳服务功能的。

（5）时间戳服务

时间戳也叫作安全时间戳，是一个可信的时间权威。它是使用一段可以认证的完整数据表示的时间戳。最重要的不是时间本身的精确性，而是相关时间、日期的安全性。支持不可否认服务的一个关键因素就是在 PKI 中使用安全时间戳，也就是说，时间源是可信的，时间值必须特别安全地传送。

PKI 中必须存在用户可信任的权威时间源，权威时间源提供的时间并不需要正确，仅供用户作为一个参照"时间"，以便完成基于 PKI 的事务处理，如事件 A 发生在事件 B 的前面等。一般的 PKI 中都会设置一个时钟系统来统一 PKI 的时间。当然也可以使用世界官方时间源所提供的时间，其实现方法是从网络中这个时钟位置获得安全时间。要求实体在需要的时候向这些权威请求在数据上盖上时间戳。一份文档上的时间戳涉及对时间和文档内容的杂凑值（哈希值）的数字签名。权威的签名提供了数据的真实性和完整性。

虽然安全时间戳是 PKI 支撑的服务，但它依然可以在不依赖 PKI 的情况下实现安全时间戳服务。一个 PKI 体系中是否需要实现时间戳服务，完全依照应用的需求来决定。

### 4．X.509 数字证书

X.509 是被广泛使用的数字证书标准，是由国际电联电信委员会（ITU-T）为单点登录和授权管理基础设施制定的 PKI 标准，X.509 为证书及其 CRL 格式提供了一个标准。

X.509 目前有三个版本：V1、V2 和 V3，其中 V3 是在 V2 的基础上加上扩展项的版本，这些扩展项包括由 ISO 文档（X.509-AM）定义的标准扩展，也包括由其他组织或团体定义或注册的扩展。

X.509 V1 和 V2 证书所包含的主要内容如下：

（1）证书版本号（Version）：指明 X.509 证书的格式版本，现在的值可以为 0、1、2，也为将来的版本进行了预定义。

（2）证书序列号（Serial Number）：指定由 CA 分配给证书的唯一数字型标识符。当证书被取消时，实际上是将此证书的序列号放入由 CA 签发的 CRL 中，这也是序列号唯一的原因。

（3）签名算法标识符（Signature）：签名算法标识用来指定由 CA 签发证书时所使用的签名算法。算法标识符用来指定 CA 签发证书时所使用的公开密钥算法和 Hash 算法，须向国际知名标准组织（如 ISO）注册。

（4）签发机构名（Issuer）：此域用来标识签发证书 CA 的 X.500 DN 名字。包括国家、省市、地区、组织机构、单位部门和通用名。

（5）有效期（Validity）：指定证书的有效期，包括证书开始生效的日期和时间及失效的日期和时间。每次使用证书时，需要检查证书是否在有效期内。

（6）证书用户名（Subject）：指定证书持有者的 X.500 唯一名字。包括国家、省市、地区、组织机构、单位部门和通用名，还可包含 E-mail 地址等个人信息。

（7）证书持有者公开密钥信息（Subject Public Key Info）：包含两个重要信息，即证书持有者的公开密钥值；公开密钥使用的算法标识符。此标识符包含公开密钥算法和 Hash 算法。

（8）签发者唯一标识符（Issuer Unique Identifier）：签发者唯一标识符在 V2 中加入证书定义。当同一个 X.500 名字用于多个认证机构时，用一比特字符串来唯一标识签发者的

X.500 名字。可选。

（9）证书持有者唯一标识符（Subject Unique Identifier）：持有证书者唯一标识符在 V2 的标准中加入 X.509 证书定义。当同一个 X.500 名字用于多个证书持有者时，用一比特字符串来唯一标识证书持有者的 X.500 名字。可选。

（10）签名值（Issuer's Signature）：证书签发机构对证书上述内容的签名值。

## 5.2 云数据生命周期

一般来说，云数据的生命周期可以分为生成、存储、使用、共享、归档、销毁六个阶段，其中存储、使用、共享阶段都涉及数据传输，如图 5-17 所示。在云数据生命周期的每个阶段，数据安全面临着不同的安全威胁，需要在各个阶段做好安全防护工作。

图 5-17　云数据生命周期

（1）数据生成

数据生成阶段是数据刚被数据所有者所创建且尚未被存储到云端的阶段。在这个阶段，数据所有者需要为数据添加必要的属性，如数据的类型、安全级别等一些信息；为了防范云端泄密，在存储数据前可能要对数据做一些预处理；根据不同的安全需求，某些用户可能还需要着手准备对数据的存储、使用等各方面情况进行跟踪审计。

在数据生成阶段，云数据安全措施主要有：对数据划分安全级别，以便进行针对性分级保护；数据预处理和开销预评估，以便提高云服务租赁利用率；制定审计策略，以便开展后期跟踪审计。

（2）数据存储

在云计算场景下，用户的数据都存储在云端，云数据面临的安全问题主要有：数据存放位置的不确定性导致面临数据失控风险；数据混合存储导致面临数据隔离和泄密风险；云数据中心面临的内外因安全风险可能导致数据丢失或数据篡改等。这些都会威胁到数据的机密性、完整性和可用性。

（3）数据使用

数据使用就是用户远程访问存储在云端的数据，并对数据做增加、删除、改动等操作。在数据使用阶段，云数据面临的安全问题主要有：误操作风险、访问控制风险、数据传输风险和云服务性能保障等。

（4）数据共享

数据共享是让处于不同位置使用不同终端、不同软件的云用户能够读取他人分享的数据并进行各种运算和分析。在数据共享阶段，云数据除了面临云服务商的访问控制策略不当的风险外，还面临着信息丢失和应用安全风险。

（5）数据归档

数据归档就是将已经使用完的旧数据遵从一定的规则进行保存，这些旧数据在后面的使用过程中具有一定的参考价值且是很重要的数据。归档的数据应可以索引和搜索，以便数据在以后的使用过程中很容易地找到。在数据归档阶段，云数据除了面临和数据存储阶段类似的安全问题之外，还面临法律和合规性问题。如某些特殊数据对归档所用的介质和归档的时间期限可能有特殊规定，而云服务商不一定支持这些规定，造成这些数据无法合规地进行归档等。

（6）数据销毁

在云计算场景下，当用户需要删除某些云数据时，最直接的方式就是向云服务商发送删除命令，依赖云服务删除对应的数据。云服务商需要向云用户提供证据，表明其技术可以保证数据删除后不可恢复，并保证不会留存备份，否则云用户将面临数据泄密风险。

（7）数据传输

云服务依赖于互联网络，云用户对云端数据的操作都是通过网络进行的：在数据存储阶段，云用户需要将自己的数据传输到云端进行存储；在数据使用阶段，云用户对云端数据的所有操作都是通过网络进行的；在数据共享阶段，不同位置的用户使用网络进行数据共享，同样存在数据传输。

为保证数据传输过程中的安全性，需要用到保密通信和信息完整性认证措施，目前使用的各类安全协议（在第 3 章进行了介绍）是实现数据传输过程安全性的重要保障。

## 5.3 云数据隔离

在云计算环境下，大量用户的敏感数据存储在相同的存储资源池中。如果没有有效的数据隔离机制，其他用户或恶意的攻击者就有可能获取用户的敏感数据，甚至对数据进行修改和删除等操作。因此需要建立有效的数据隔离机制，保障云数据安全。

进行云数据隔离，通常的思路是首先对数据进行分级和标记，然后根据数据的安全等级和标记，制定访问控制策略，防止非授权用户查看和修改其他用户的数据。数据隔离涵盖用户应用数据隔离、数据库隔离、虚拟机隔离等内容。

### 5.3.1 数据分级

数据分级是按照数据本身的价值及其对个人、组织、社会、国家等的敏感程度和关键程度，将数据分成不同的安全等级，以便对数据制定不同的存储及访问控制策略。数据标记就是对数据的拥有者、类别、敏感程度、保护级别等重要属性进行标注，以便实施访问控制策略。

根据 GB/T 20271—2006《信息安全技术 信息系统安全通用技术要求》中的相关内容，可将信息系统中存储、传输和处理的数据信息分为五类，对应五个安全保护等级，分别有具体的安全保护方法，如表 5-4 所示。

数据信息类别与安全保护等级完全对应，如第三类数据信息对应第三级安全保护。上述关于数据信息的分类，要求在风险分析时就要有意识地加以考虑。风险分析要落实到数据信息，对不同数据信息的风险加以区别，而不是对整个信息系统进行风险分析。

数据分级一般是在数据生成阶段由云用户按照国家标准及自身安全需求来确定的，并添加到数据的属性信息中。云服务商根据属性信息确定数据的安全保护等级，并按照相应的标准和规定对数据进行相应的保护。

表 5-4　数据信息分类和安全保护等级对应表

| 数据信息类别 | 安全保护等级 | 分类标准 | 保护方法 |
|---|---|---|---|
| 第一类 | 第一级 | 该类数据信息受到破坏后，会对公民、法人和其他组织的权益有一定的影响，但不危害国家安全、社会秩序、经济建设和公共利益 | 按地域相近的原则，构成一个或多个具有一级安全的安全计算域 |
| 第二类 | 第二级 | 该类数据信息受到破坏后，会对国家安全、社会秩序、经济建设和公共利益造成一定的损害 | 可根据实际情况，单独设置主机/服务器组成单一安全保护等级（二级）的安全计算域，或与第一类数据信息共用主机/服务器组成具有多安全保护等级（二级和一级）的安全计算域 |
| 第三类 | 第三级 | 该类数据信息受到破坏后，会对国家安全、社会秩序、经济建设和公共利益造成较大损害 | 可根据实际情况，单独设置主机/服务器组成单一安全保护等级（三级）的安全计算域，或与第一类和第二类数据信息共用主机/服务器组成具有多安全保护等级（三级及以下安全级）的安全计算域 |
| 第四类 | 第四级 | 该类数据信息受到破坏后，会对国家安全、社会秩序、经济建设和公共利益造成严重损害 | 应尽量设置专门的主机/服务器，避免与低安全保护等级数据信息共用主机/服务器，按物理结构组成安全计算域，以便实施严格的安全保护 |
| 第五类 | 第五级 | 该类数据信息受到破坏后，会对国家安全、社会秩序、经济建设和公共利益造成特别严重的损害 | 原则上应设置专门的主机/服务器，按物理结构组成安全计算域，并在该安全域中只存储和处理第五类数据信息，以便实施最严格的安全保护 |

为满足高等级安全保护需求（如第五级），云服务商采用各种措施来保证大客户的高级别安全要求。如阿里云最高级别是涉及高度机密的数据，包括大型银行，采取类似"大使馆"的独立输出模式，在对方机房搭建阿里云平台，由双方分层运维，保证数据安全及服务输出；美国中情局使用亚马逊公司的云技术，在亚马逊的机房专门单独开辟出隔离区域，用物理隔离来保证数据安全。

### 5.3.2　访问控制

访问控制是指对用户进行身份认证后，根据用户身份或用户所归属的用户组来限制用户对某些信息项的访问，或限制用户对某些控制功能的使用，用户应仅能访问已获专门授权使用的数据和服务。

访问控制模型如图 5-18 所示，图中，提交访问请求的是"主体"，要访问的对象是"客体"，主体对客体的访问在"访问控制策略"的控制下进行。

主体、客体和控制策略构成了访问控制的三个要素。

（1）主体 S（Subject）是指提出访问资源的具体请求。它是某一操作动作的发起者，但不一定是动作的执行者。主体可能是某一用户，也可以是用户启动的进程、服务和设备等。

（2）客体 O（Object）是指被访问资源的实体。所有可以被操作的信息、资源、对象都可以是客体。客体可以是信息、文件、记录等的集合体，也可以是网络上硬件设施、无限通信中的终端，甚至可以包含另外一个客体。

（3）控制策略 A（Attribution）是主体对客体的相关访问规则集合，即属性集合。访问策略体现了一种授权行为，也是客体对主体某些操作行为的默认。

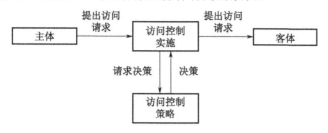

图 5-18　访问控制模型

访问控制策略一般分为三类，如表 5-5 所示。

表 5-5　访问控制策略

| 访问控制<br>策略 | 定　　义 | 特　　点 | 实 现 模 型 | 实 现 方 法 |
|---|---|---|---|---|
| 自主访问<br>控制<br>（DAC） | 客体的属主（创建者）<br>自主决定该客体的访问权<br>限 | ① 灵活性大，被大<br>量采用；<br>② 安全性不高 | 访问控制表/<br>矩阵 | 访问控制列表（ACL）<br><br>权能列表（Capacity List） |
| 强制访问<br>控制<br>（MAC） | 主体和客体都有一个固<br>定的安全属性，系统用该<br>安全属性来决定一个主体<br>是否可以访问某个客体 | ① 安全属性是强制<br>的，任何主体都无法<br>变更；<br>② 安全性较高，应<br>用于军事等安全要求<br>较高的系统 | 保密性模型 | Bell-Lapudula 模型 |
| | | | 完整性模型 | Biba 模型<br><br>Clark-Wilson 模型 |
| | | | 混合策略模型 | Chinese Wall 模型 |
| 基于角色的<br>访问控制<br>（RBAC） | 系统内置多个角色，将<br>权限与角色进行关联，用<br>户必须成为某个角色才能<br>获得权限，RBAC 的四种<br>要素包括用户（U）、角色<br>（R）、会话（S）和权限<br>（P） | ① 可以实现最小特<br>权原则；<br>② 用于执行职责分<br>离；<br>③ 简化了系统的授<br>权机制 | RBAC | RBAC0：基本模型；<br>RBAC1：包含 RBAC0，加入安<br>全保护等级及角色继承关系；<br>RBAC2：包含 RBAC1，加入约<br>束条件；<br>RBAC3 ：结合了 RBAC1 、<br>RBAC2 |

在云计算中，由于用户来源广、数量大，享受共同虚拟资源池的用户之间容易造成数据泄露等安全事件，所以任何人对任何资源的访问都需要经过严格的权限控制。

除了使用访问控制策略来实现数据隔离以外，还可以使用数据加密机制实现，数据先加密再在云端存储，就避免了数据信息泄露的问题。

## 5.3.3　SaaS 多租户数据隔离

多租户技术（多重租赁技术）是一种软件架构技术，公共数据中心以单一系统架构与服务，提供给多个客户相同或不同（可定制化）的服务，并且保障客户间的数据隔离。如阿里云数据库服务（RDS）、阿里云服务器等。多租户在数据存储上主要有三种方案：

### 1．独立数据库

独立数据库就是一个租户一个数据库，这种方案有助于简化数据模型的扩展设计，满足不同租户的独特需求。如果出现故障，恢复数据也比较简单。其优点是数据隔离级别最高、安全性最好，但成本较高。

这种方案与传统的"一个客户、一套数据、一套部署"类似，差别只在于软件统一部署在运营商那里。如果面对的是银行、医院等需要非常高数据隔离级别的租户，可以选择这种模式，提高租用的定价。如果定价较低，产品走低价路线，这种方案一般对运营商来说是无法承受的。

### 2．共享数据库，隔离数据架构

多个或所有租户共享数据库，但是每个租户一个 Schema（也可叫作一个 User）。其优点：为安全性要求较高的租户提供了一定程度的逻辑数据隔离，并不是完全隔离；每个数据库可支持更多的租户数量。缺点：如果出现故障，数据恢复比较困难，因为恢复数据库将牵涉到其他租户的数据；跨租户统计数据，比较困难。

### 3．共享数据库，共享数据架构

租户共享同一个数据库、同一个 Schema，但在表中增加多租户 TenantID 的数据字段。这是共享程度最高、隔离级别最低的模式。其优点：维护和购置成本最低，允许每个数据库支持的租户数量最多。缺点：隔离级别最低，安全性最差，数据备份和恢复最困难。

上述三种方案各有优缺点，要根据成本控制和安全性要求合理选择隔离方案。隔离性越好，设计和实现的难度越大，成本越高，安全性越好；隔离性越差，相应的共享性越好，同一运营成本下支持的用户越多，运营成本越低，安全性越差。

此外还要综合考虑租户对数据存储空间大小的需求、每个租户的用户数量、数据备份与恢复需求、监管和合规性需求等因素，最终确定多租户数据隔离方案。

## 5.4  云数据保密性保障

国家密码管理局商用密码管理办公室副主任霍炜在 2017 "云栖大会·广东分会"上提到，中共中央办公厅、国务院办公厅督查发现，国内一些政务云很多数据在"裸奔"，具有很大的安全隐患。目前大部分政务云搭建在私有云上，一些政府部门认为私有云更加安全。然而像勒索病毒 Wanna Cry 等大型的安全事件都与私有云的安全性有很大关联。事实上，私有云在物理上给政府部门负责人的安全感是虚幻的。

因此，"密码是系统解决云安全和信任的唯一有效手段，推进密码和云计算的融合发展，构建以中国的商用密码为核心支撑的云安全防护体系，是解决云计算安全和信任的必由之路。"

### 5.4.1  存储保密性

在传统信息系统环境下，用户也应采用加密或其他保护措施实现系统管理数据、鉴别信息和重要业务数据存储的保密性。在云计算环境下，上述关键数据更需要保密存储。有些对保密性要求较高的行业，在进行数据云化时，要求将所有数据先加密后外包（云端存储），这是保障云端存储的静态数据安全的最有效手段。

加密算法（见 5.1 节），主要分为对称密码体制和非对称密码体制两种。对称密码又叫"单密钥加密"，指只有一个密钥，同时用于信息的加密和解密。该算法的典型实例有DES、3DES、IDEA、RC4、RC5、RC6 和 AES 等。非对称密码体制又叫"公钥加密"，有一对密钥，公开密钥用于加密，私有密钥用于解密。该算法的典型实例有 RSA、ECC（移动设备用）、Diffie-Hellman、ElGamal 等。国密标准算法有 SM1、SM4（对称算法、分组密码）、ZUC（祖冲之序列密码算法）、SM2（公钥算法、数字签名算法）、SM3（Hash 函数）、SM9（数字签名算法）等。

加密主要有两种实现方法：硬件加密和软件加密。硬件加密指通过专用加密芯片或独立的处理芯片等实现密码运算，包括加密卡、单片机加密锁和智能卡加密锁等。软件加密指使用相应的加解密软件实现加解密操作，包括密码表加密、软件校验方式、序列号加密、许可证管理方式、钥匙盘方式和光盘加密等。

加密后存储数据的安全性能够得到保证，但在使用时又会遇到其他问题。当用户需要对云数据进行计算、检索、修改等处理时，无法对密文进行直接处理，不知道解密密钥的云服务商也无法应对用户的处理请求。虽然云服务商可以直接将用户所有的加密数据返回给用户，用户解密密文得到想要的明文信息后再进行下一步操作，但这大大增加了用户和云端之间的通信开销，并极大地削弱了云计算的优势，只利用了云端的存储功能而没有利用其强大的计算能力，所以可行性不高。为了高效地解决该问题，云计算场景下的密文数据检索技术应运而生。

## 5.4.2　密文检索技术

密文检索是指当数据以密文形式存储在存储设备中时，如何在确保数据安全的前提下，检索到想要的明文数据。密文检索技术按照数据类型的不同，主要分为三类：非结构化数据的密文检索、结构化数据的密文检索和半结构化数据的密文检索，下面主要介绍前两种。

### 1．非结构化数据的密文检索

非结构化数据是没有经过人为处理的不规整的数据，如文件、声音、图像等，当前对非结构化数据密文检索技术的研究主要集中于基于关键字的密文文本型数据的检索。根据检索方法的不同，基于关键字的密文文本检索技术又可分为两类：基于顺序扫描的方案和基于密文索引的方案。根据查询性质的不同，该技术也可分为多个方向，如基于单关键字的查询、基于可连接的多关键字的查询、模糊查询、密文排序查询等。

基于关键字的密文文本型数据的检索原理：加密时按字进行加密，这样明文关键字就被加密成独立的密文，在检索时，只需检索关键字加密成的密文就可以检索到需要的内容。当然，在具体应用中要进行适当的加工，以提高安全性和可操作性。

（1）基于顺序扫描的方案

基于顺序扫描是实现关键字密文数据检索的基本实现方案，最早的方案发布于 2000年。美国加州大学的 Song、Wagner 和 Perrig 结合电子邮件应用场景，提出了一种基于对称加密算法的关键字查询方案，通过顺序扫描的线性查询方法，实现了单关键字密文检索。

基于顺序扫描的线性查询方案如图 5-19 所示。在加密时，明文以"字"为单位进行分组加密，加密的密文"字"与校验序列逐位异或，得到存储的密文。

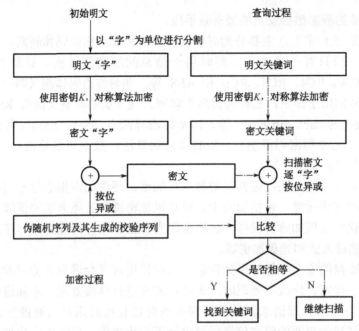

图 5-19　基于顺序扫描的线性查询方案

在进行查询时，用户向服务器端发送密文关键字，服务器端接收查询请求后，密文关键字与每一段密文按位进行异或运算，若得到的结果满足校验关系，则说明文件中包含查询关键字。

基于顺序扫描的线性查询方案的优点：采用一次一密的加密方式，有极强的抵抗统计分析的能力；当查询文本集较小时，加密和检索算法不但简单而且高速。其缺点：查询时需要逐次匹配全部的密文信息，因而该类方案在大数据集的情况下查询效率特别低，难以应用。

（2）基于密文索引的方案

基于密文索引的方案：为文档建立索引并将索引加密，然后通过检索密文索引来确认该文档是否包含查询关键词。这类方案弥补了基于顺序扫描的方案在查询效率上的不足，更适用于云计算场景下对海量数据进行查询的需求。

目前国内外学者提出了多个基于密文索引的方案，但都存在一些问题，相关的研究进展不大，这里不做介绍。

**2．结构化数据的密文检索**

结构化数据是经过严格的人为处理的数据，一般以二维表的形式存在，如关系数据库中的表、元组，以及对象数据库中的类型、对象等。在结构化数据的密文检索中，受到广泛关注和深入研究的是基于加密的关系型数据的检索技术，国内外许多数据库研究领域的专家和学者都致力于该技术的研究。

基于加密的关系型数据的检索技术大致可分为两大类。第一类是直接密文查询，即不用解密而直接通过操作密文数据进行查询，包括同态加密技术、保序加密技术等。第二类是分步查询，即进行查询分解，先对密文数据进行范围查询，以缩小解密范围，然后对密文查询结果进行解密之后再执行精确查询。

除此之外，还有针对介于非结构化和结构化数据之间的数据——半结构化数据的密文检索技术，这类数据的结构不规则或不完整，表现为数据不遵循固定的模式、结构隐含、模式信息量大、模式变化快、模式和数据统一存储等特点。半结构化数据主要来自 Web 数据，包括 HTML 文件、XML 文件和电子邮件等。

### 5.4.3　传输保密性

传输保密性就是对传输中的数据流进行加密，目前传输数据加密通常都是使用 VPN 技术实现的。在 VPN 建立隧道时，有两种方式：自主隧道（Voluntary Tunnel，也称主动隧道）和强制隧道（Compulsory Tunnel）。

（1）自主隧道

自主隧道也称作自愿隧道，是由用户或客户端计算机通过发送 VPN 请求配置和创建的，自主隧道中用户端计算机作为隧道客户方成为隧道的一个端点。

（2）强制隧道

强制隧道是由支持 VPN 的拨号接入服务器配置和创建的，用户端的计算机不作为隧道端点，而是由位于客户计算机和隧道服务器之间的远程接入服务器作为隧道客户端，成为隧道的端点。

自主隧道技术为每个客户创建独立的隧道，一般是随机接入的。隧道服务器之间建立的隧道可以被多个客户共享，而不必为每个客户建立一条新的隧道，一般是静态隧道。

由于隧道协议建立的端点不同，传输加密方式又分为链路加密、节点加密和端到端加密三种方式。

（1）链路加密

链路加密是对仅在物理层前的数据链路层进行加密。接收方是传送路径上的各台节点机，信息在每台节点机内都要被解密和再加密，依次进行，直至到达目的地。

使用链路加密装置能为某链路上的所有报文提供传输服务，即经过一台节点机的所有网络信息传输均需加、解密，每一个经过的节点都必须有密码装置，以便解密、加密报文。如果报文仅在一部分链路上加密而在另一部分链路上不加密，则相当于未加密，仍然是不安全的。

（2）节点加密

节点加密是与链路加密类似的加密方法，在节点处采用一个与节点机相连的密码装置（被保护的外围设备），密文在该装置中被解密并被重新加密，明文不通过节点机，弥补了链路加密关节点处易受攻击的缺点。

（3）端到端加密

端到端加密是为数据从一端传送到另一端提供的加密方式。数据在发送端被加密，在最终目的地（接收端）被解密，中间节点处不以明文的形式出现。采用端到端加密是在应用层完成的，除报头外的报文均以密文的形式存在于全部传输过程。只是在发送端和最终端才有加、解密设备，而在中间任何节点报文均不解密，因此，不需要密码设备。

总体而言，链路加密对用户来说比较容易，使用的密钥较少，而端到端加密比较灵活，用户可见。对链路加密中各节点安全状况不放心的用户也可使用端到端加密方式。

数据加密过程常用的对称加密算法包括 DES、3DES、AES、IDEA、SM1、SM4、ZUC 等，非对称加密算法包括 RSA、ElGamal、Diffie-Hellman、ECC、SM2、SM9 等，哈希函数包括 MD5、SHA-1、SHA-256、SM3 等。由于对称加密算法和非对称加密算法具有各自的优缺点，往往会结合起来使用。

## 5.5　云数据完整性验证

在云计算环境中，数据同样面临着完整性被破坏的风险，甚至有些云服务商考虑到自身的利益，可能会向用户隐瞒关于数据完整性的真实信息，因此在云计算环境下，保护数据的完整性面临着很大的挑战。

传统的数据完整性验证方法主要有基于数字签名、基于验证数据结构和基于概率的验证方法。在云计算环境下，由于用户上传到云端的数据并不在本地存留副本，因此不能直接使用传统的数据完整性验证方法。此时，为了验证数据的完整性，最简单的方法就是用户从云端下载所有数据，然后按照传统的方法对数据的完整性进行验证，但这样会给用户带来昂贵的输入/输出开销和通信开销。因此，如何在本地没有数据副本的情况下高效地验证外包云数据的完整性，成了云计算环境下保障数据安全的一个重大挑战。

目前，云端数据完整性验证按照执行实体可以分为云租户与云服务商交互验证和用户授权可信第三方进行数据完整性验证两类。无论哪种方式都需遵循尽量减小客户端的存储、计算和通信开销，以及尽量减轻云端负担的原则，以便能够得到更高的服务质量。

云租户主导的云端数据完整性验证是目前云数据完整性验证领域的一个研究热点，其目标是使云租户在取回很少数据的情况下，利用某种形式的挑战应答协议，并通过基于伪随机抽样的概率性检查方法，以高置信概率判断云数据是否完整。

云租户的计算资源和能力有限，在失去数据控制权的情况下对云端数据进行完整性验证是非常具有挑战性的事情，因此可利用第三方审计员（TPA）完成隐私保护的数据完整性验证。TPA 拥有云租户所没有的专业知识和计算、存储等能力，在得到用户授权之后，代替云租户来和云端进行交互，完成云端数据的完整性验证。TPA 要独立且可靠，在审计过程中不能和云服务商或云租户勾结。当然，TPA 也必须满足很高的安全和性能要求，既不能获取用户的个人隐私和数据隐私，也不能给云租户带来额外的线上开销。

## 5.6　云数据可用性保护

云服务商要提供云数据可用性保护，保障云用户不受数据丢失、服务中断等的威胁，保证云用户可以随时、随地、随需接入，顺利得到服务。为了保护数据可用性，一方面云服务商需要采取数据安全保障措施，防止系统漏洞、人为破坏等可控因素导致的数据丢失或服务器死机；另一方面云服务商需要采取一定的技术手段，确保在自然灾害等不可控因素导致数据丢失或服务器死机之后，可以迅速地恢复用户数据和重新开始云服务。保护数据可用性的技术手段主要有多副本技术、数据复制技术和灾容备份技术等。下面主要介绍前两种技术。

### 5.6.1　多副本技术

多副本技术是预防硬件故障或者其他因素导致数据丢失的有效技术手段，其基本思路是将数据存储在不同的存储节点上。随着多副本技术的发展，现今多副本技术不仅仅是为了防止数据丢失，也是为了提高数据读/写速度，为数据容灾做技术支撑，提升数据的可用性。在实施多副本技术时，需要确定创建副本的时间和地点、确定最佳副本并快速定位、确保副本一致性等。在传统的分布式系统中，已经有很多成熟的解决方案，由于云计算具有多种服务类型和多种部署方式，且不同的云用户对云数据安全有不同的需求，云计算中的多副本技术需要在传统技术的基础上，综合云平台特性和客户需求进行优化。

在云环境下，多副本技术主要有三个要点：

① 基于云平台的多副本数据迁移问题。要解决动态迁移哪些副本文件、副本应如何放置、多副本技术应如何和虚拟化技术相融合等问题。

② 保障对多用户多应用的即时响应。首先需要考虑副本的数量，应保障副本数量能随着用户数量的变化而动态调整，使副本数量不至于太多而浪费存储空间，也不会太少而影响多用户访问速度；其次需要考虑如何改进传统的放置和选择多副本的策略，使之适用于云环境下的大规模数据调用；最后还需要考虑删除副本时应采用哪种删除策略才不会影响系统性能。

③ 确保多副本的安全性。既要保证数据不泄露，又要保证多副本间的一致性，而副本数量越多、分布范围越广，确保多副本安全的难度就越大。

## 5.6.2　数据复制技术

数据复制技术用来将主数据中心的数据复制到不同物理节点服务器上，用以支持分布式应用或建立备用的数据中心，来增强数据的可用性和系统的可靠性。和数据备份相比，数据复制技术具有实时性高、数据丢失少或零丢失、容灾恢复快等优势，但是具有投资相对较高等缺点。数据复制技术一般有同步复制和异步复制两种模式。复制的数据在多个复制节点间均时刻保持一致，如果任何一个节点的复制数据发生了更新操作，这种变化会立刻反映到其他所有的复制节点，这种复制技术叫作同步复制技术。异步复制技术是指所有复制节点的数据在一定时间内是不同步的，如果其中一个节点的复制数据发生了更新操作，其他复制节点将会在一定的时间后进行更新，最终保证所有复制节点间的数据一致性。

目前，数据复制技术主要有基于存储系统的数据复制、基于操作系统的数据复制和基于数据库的数据复制三种。

### 1. 基于存储系统的数据复制

现在的存储设备经过多年的发展已经十分成熟，远程数据复制功能几乎是现有中高端产品的必备功能。要实现基于存储系统的数据复制，需要在生产中心和备用的数据中心部署同一套存储系统，数据复制功能由存储系统实现。

基于存储系统的数据复制技术对于主机的操作系统是完全透明的，如果将来增加新的操作平台，则不用增加任何复制软件即可完成复制，所以该技术管理起来比较简单，减少了用户的投资，达到了充分利用资源的目的。该技术一般都采用 ATM 或光纤通道作为远端的链路连接，不仅可以做到异步复制，更可以做到同步复制，使两端数据可实时同步，极大地保证了数据的一致性。不过该技术也存在不足，如备用数据中心的存储系统和生产中心的存储系统有严格的兼容性要求，一般需要来自同一厂家，这就给用户选择存储系统带来了限制，且成本容易提高，对线路带宽的要求通常也较高。

### 2. 基于操作系统的数据复制

基于操作系统的数据复制技术通过操作系统或数据卷管理器实现对数据的远程复制，该技术要求生产中心和备用数据中心的操作系统是可相互通信的，但无须考虑存储系统是否相同，因此具有较大的灵活性。该技术存在占用主机 CPU 资源的缺点，对主机的性能有一定的影响。

### 3．基于数据库的数据复制

基于数据库的数据复制技术通常采用日志复制功能，依靠本地和远程主机间的日志归档与传递来保持两端数据一致。这种复制技术对系统的依赖性小，有很好的兼容性。但缺点是本地复制软件向远端复制的是日志文件，需要远端应用程序重新执行和应用才能产生可用的备份数据。该技术可以针对具体的应用，利用数据库自身提供的复制模块来完成。目前基于数据库的复制技术主要有 Oracle DataGuard、Oracle GoldenGate、DSG RealSync、Quest SharePlex、IStream DDS 等。

## 5.6.3　容灾备份技术

### 1．数据备份与恢复

数据备份是指为防止系统出现操作失误或系统故障导致数据丢失，而将全部或部分数据集合从应用主机的硬盘或阵列备份到其他存储介质的过程，其目的是在破坏发生之后，能够恢复其原来的数据。

（1）数据备份分类

数据备份分为三类：本地备份、网络备份和异地备份。本地备份是将备份文件放在本地的存储介质中，或者直接放在与源数据相同的存储介质中；网络备份一般是使用局域网或备份网络将数据备份在其他存储介质中；而异地备份则是容灾的基础，将本地重要数据通过网络实时传送到异地备份介质中，如位于北京的银行将数据在重庆的银行做容灾备份等。

数据备份的对象有三类：文件数据、数据库数据及裸设备数据。文件数据通常指操作系统中的文件系统直接管理的数据，它是数据在硬盘上的一种存放格式；数据库数据是指数据库软件（SQL Server、Oracle、DB2 等）以一定的逻辑关系将数据组织起来，便于用户进行各种计算、更新、检索和查询，是具有特定逻辑关系的数据；脱离上层应用的数据叫裸设备数据，是指 Windows 提供一种方式使得可以直接读取磁盘的数据块，而不管其是什么逻辑关系。

目前常见的网络数据备份系统按其架构不同可以分为基于主机（Host-Base）结构、基于局域网（LAN-Base）结构、基于 SAN 结构的 LAN-Free 和 Server-Free 结构等。

（2）数据备份方式

数据备份主要有三大方式：完全备份、增量备份和差异备份。

完全备份（Full Backup）：指将需要备份的所有数据、系统和文件完整地备份到备份存储介质中。备份系统不会检查自上次备份后，文件有没有被改动过；它只是机械性地将每个文件读出、写入，不管文件有没有被修改过。备份全部选中的文件及文件夹，并不依赖文件的存盘属性来确定备份哪些文件。完全备份的缺点是随着数据量的不断增加，进行备份所需的时间会变得越来越长。

增量备份（Incremental Backup）：指备份自上一次备份之后有变化的数据，即只需备份与前一次相比增加或者被修改的文件。这就意味着，第一次增量备份的对象是进行完全备份后所产生的增加和修改的文件；第二次增量备份的对象是进行第一次增量备份后所产生的增加和修改的文件，以此类推。这种备份方式最显著的优点就是没有重复地备份数据，因此备份的数据量不大，备份所需的时间很短。但增量备份的数据恢复是比较麻烦的，必须沿着从完全备份到依次增量备份的时间顺序逐个反推恢复，因此极大地延长了恢复时间。

差异备份（Differential Backup）：指在一次完全备份后到进行差异备份的这段时间内，对那些增加或者修改文件的备份。在进行恢复时，只需对第一次完全备份和最后一次差异备份进行恢复。差异备份在避免了另外两种备份策略缺陷的同时，又具备了备份时间短、恢复所需时间短的优点。

（3）数据备份策略

数据备份策略是指确定需要备份的内容、备份时间和备份方式，根据数据的重要性可选择一种或几种备份交叉的形式制定备份策略。

若数据量比较小、数据实时性不强或者数据是只读的，在备份策略上可执行每天一次数据库增量备份，每周进行一次完全备份。备份时间尽量选择在晚上等服务器比较空闲的时间段进行，备份数据要妥善保管。

当对数据的实时性要求较高，或数据的变化较多且数据需要长期保存时，在备份策略上可选择每天两次，甚至每小时一次的数据完全备份或事务日志备份。为了把灾难损失减到最小，备份数据应保存一个月以上。另外，每当存储数据的数据库结构发生变化时，及在进行批量数据处理前，应做一次数据库的完全备份，且这个备份数据要长期保存。

当实现数据库文件或者文件组备份策略时，应时常备份事务日志。

## 2. 数据容灾

灾难的发生对企业的打击往往是致命的，"9·11"恐怖袭击事件带给人们很多启示，各大公司更为深刻地认识到灾备的重要性。世贸大厦倒塌后，在世贸大厦租有 25 层楼的金融界巨头摩根士丹利公司最为世人所关注。但是事发几个小时后，该公司宣布：全球营业部可以在第二天照常工作。这是因为该公司建立的数据容灾系统保护了公司的重要数据，在关键时刻挽救了摩根士丹利公司，同时也在一定程度上挽救了全球的金融行业。在云计算环境下，大量云用户的数据保存在云数据中心，云数据中心如果没有使用数据容灾系统，那么当灾难发生时，造成的损失和恐慌是更为致命的。

容灾的实质能确保业务运营不停顿。容灾系统是指在相隔较远的异地，建立两套或多套功能相同的 IT 系统，互相之间可以进行健康状态监视和功能切换，当一处系统因意外（如火灾、地震等）停止工作时，整个应用系统可以切换到另一处，使得该系统功能可以继续正常工作。容灾技术是系统的高可用性技术的一个组成部分，容灾系统更加强调处理外界环境对系统的影响，特别是灾难性事件对整个 IT 节点的影响，提供节点级别的系统恢复功能。

根据容灾系统对灾难的抵抗程度，容灾可分为数据容灾和应用容灾。数据容灾是指建立一个异地的数据系统，对本地系统关键应用数据实时复制。当出现灾难时，可由异地系统迅速接替，保证业务的连续性。应用容灾比数据容灾层次更高，即在异地建立一套完整的、与本地数据系统相当的备份应用系统（可以同本地应用系统互为备份，也可与本地应用系统共同工作）。在灾难出现后，远程应用系统能够迅速接管或承担本地应用系统的业务运行。

设计一个容灾备份系统，需要考虑多方面的因素，如备份/恢复数据量大小、应用数据中心和备援数据中心之间的距离和数据传输方式、灾难发生时所要求的恢复速度、备援中心的管理及投入资金等。据国际标准 SHARE78 的定义，灾难恢复解决方案可根据上述因素所达到的程度分为七级，即从低到高有七种不同层次的灾难恢复解决方案。可以根据企业数据的重要性及需要恢复的速度和程度，来设计选择并实现灾难恢复计划，如表 5-6 所示。

表 5-6  灾难恢复层次划分

| 层　级 | 名　称 | 主要特点 |
|---|---|---|
| 第 0 层 | 没有异地数据（No Off-site Data） | 没有任何异地备份或应急计划。数据仅在本地进行备份恢复，没有数据送往异地 |
| 第 1 层 | PTAM 卡车运送访问方式（Pickup Truck Access Method） | 能够备份所需要的信息并将其存储在异地。PTAM 指将本地备份的数据用交通工具送到远方。这种方案相对来说成本较低，但难以管理 |
| 第 2 层 | PTAM 卡车运送访问方式＋热备份中心（PTAM＋Hot Center） | 在第 1 层基础上再加上热备份中心，拥有足够的硬件和网络设备去支持关键应用。相比于第 1 层，明显缩短了灾难恢复时间 |
| 第 3 层 | 电子链接（Electronic Vaulting） | 在第 2 层基础上用电子链接取代了卡车进行数据传送的进一步灾难恢复。由于热备份中心要保持持续运行，增加了成本，但提高了灾难恢复速度 |
| 第 4 层 | 活动状态的备份中心（Active Secondary Center） | 指两个中心同时处于活动状态并同时互相备份，在这种情况下，工作负载可能在两个中心之间分享。在灾难发生时，关键应用的恢复时间也可到小时级或分钟级 |
| 第 5 层 | 两个活动的数据中心，确保数据一致性（Two-Site, Two-Phase Commit） | 提供了更好的数据完整性和一致性。也就是说，需要两个中心的数据都被同时更新。在灾难发生时，仅是传送中的数据被丢失，恢复时间被缩短到分钟级 |
| 第 6 层 | 0 数据丢失（Zero Data Loss），自动系统故障切换 | 实现 0 数据丢失，被认为是灾难恢复的最高级别，在本地和远程的所有数据被更新的同时，利用了双重在线存储和完全的网络切换能力，当发生灾难时，能够提供跨站点动态负载平衡和自动系统故障切换的功能 |

### 3．灾难恢复性能指标

灾难恢复的两个最重要的性能指标是 RTO 和 RPO。

（1）RTO（Recovery Time Objective，恢复时间目标）：灾难发生后，信息系统或业务功能从停顿到恢复正常的时间要求，是企业可允许服务中断的时间长度。如灾难发生后半天内便需要恢复，RTO 值就是 12 小时。

（2）RPO（Recovery Point Objective，恢复点目标）：灾难发生后，系统和数据必须恢复到的时间点要求，是指当服务恢复后，恢复数据所对应的时间点。

两者的值要充分考虑到备份数据的重要程度和业务中断时间的允许范围。以和力记易公司的 CDP 容灾备份方案为例，可以实现 RPO=0，RTO 接近于 0，保证数据 0 丢失，业务停顿时间最短可缩至 60 秒内。与其他方案相比，CDP 容灾备份方案除了 RPO 和 RTO 外，还能保证恢复数据的完整性和可用性，从某种程度而言，数据的可用性是底线，甚至优于完整性。

### 4．容灾备份关键技术

在建立容灾备份系统时会涉及多种技术，如 SAN 或 NAS 技术、远程镜像技术、基于 IP 的 SAN 互联技术、快照技术等。这里重点介绍远程镜像技术、快照技术和 SAN 互联技术。

（1）远程镜像技术

远程镜像技术是在主数据中心和备援中心之间进行数据备份时用到的技术。镜像是在两个或多个磁盘或磁盘子系统上产生同一个数据的镜像视图的信息存储过程，一个叫主镜像系统，另一个叫从镜像系统。按主/从镜像系统所处的位置不同可分为本地镜像和远程镜像。远程镜像又叫远程复制，是容灾备份的核心技术，同时也是保持远程数据同步和实现灾难恢复的基础。远程镜像按请求镜像的主机是否需要远程镜像站点的确认信息，又可分为同步远程镜像和异步远程镜像。

同步远程镜像（同步复制技术）是指通过远程镜像软件，将本地数据以完全同步的方式复制到异地，每一个本地的 I/O 事务均需等待远程复制的完成确认信息，方予以释放。同步远程镜像使异地复制内容与本地机要求的复制内容相匹配。当主站点出现故障时，用户的应用程序切换到备份的替代站点后，被镜像的远程副本可以保证业务继续执行而没有数据的丢失。由于它存在往返传播造成延时较长的缺点，只限于在相对较近的距离上应用。

异步远程镜像（异步复制技术）则在更新远程存储视图前完成向本地存储系统的基本操作，由本地存储系统给请求镜像主机提供 I/O 操作完成确认信息。远程的数据复制是以后台同步的方式进行的，这使本地系统性能受到的影响很小，传输距离长（可达 1000 公里以上），对网络带宽要求低。但当某种因素造成数据传输失败，可能出现数据的一致性问题。为了解决这个问题，目前大多采用延迟复制的技术（本地数据复制均在后台日志区进行），即在确保本地数据完好无损后再进行远程数据更新。

（2）快照技术

远程镜像技术往往同快照技术结合起来实现远程备份，即通过镜像把数据备份到远程存储系统中，再用快照技术把远程存储系统中的信息备份到远程的磁带库、光盘库中。

快照是通过软件对要备份的磁盘子系统数据快速扫描，建立一个要备份数据的快照逻辑单元号 LUN 和快照 Cache。在快速扫描时，把备份过程中即将要修改的数据块同时快速复制到快照 Cache 中。快照 LUN 是一组指针，它指向快照 Cache 和磁盘子系统中不变的数据块（在备份过程中）。在正常业务进行的同时，利用快照 LUN 实现对原数据的一个完全的备份。它可使用户在正常业务不受影响的情况下（主要指容灾备份系统），实时提取当前在线业务数据。其"备份窗口"接近于 0，可大大增强系统业务的连续性，为实现系统真正的 7×24 运转提供了保证。

快照技术是通过内存作为缓冲区（快照 Cache），由快照软件提供系统磁盘存储的即时数据映像。它存在缓冲区调度的问题。

（3）SAN 互联技术

早期的主数据中心和备援数据中心之间的数据备份，主要是基于 SAN 的远程复制（镜像），即通过光纤通道 FC 把两个 SAN 连接起来，进行远程镜像（复制）。当灾难发生时，由备援数据中心替代主数据中心保证系统工作的连续性。这种远程容灾备份方式存在一些缺陷，如实现成本高、设备的互操作性差、跨越的地理距离短（10 公里）等，这些因素阻碍了它的进一步推广和应用。

目前，出现了多种基于 IP 的 SAN 远程数据容灾备份技术。它是利用基于 IP-SAN 的互联协议，将主数据中心 SAN 中的信息通过现有的 TCP/IP 网络，远程复制到备援中心 SAN 中。当备援中心存储的数据量过大时，可利用快照技术将其备份到磁带库或光盘库中。这种基于 IP 的 SAN 的远程容灾备份，可以跨越 LAN、MAN 和 WAN。并且成本低、可扩展性好，具有广阔的发展前景。基于 IP 的互联协议包括 FCIP、IFCP、Infiniband、ISCSI 等。

## 5.7 云数据删除

为切实保障云数据安全，需要采取全面有效的措施，维护云数据在生命周期中各个阶段的安全。数据删除是数据生命周期的最后一个阶段，云端数据面临着数据删除后可能会被重新恢复，以及所有备份数据可能没有被云服务商真正删除等安全风险，这都会导致数据残留问题。数据残留可能会在无意中泄露十分敏感的信息，为了保障数据的机密性，必须制定切实可行的数据删除策略，并使用技术手段解决数据残留问题。

敏感度比较高的数据需要进行彻底删除，也就是在重用存储设备前根除设备中的数据，因此所有的内存、缓冲区或其他可重用的存储都需要被彻底删除，即进行数据销毁，从而有效地阻止对之前存储信息的访问。

早在 2007 年，国家保密局就已经颁布了《涉及国家秘密的载体销毁与信息消除安全保密要求》（BMB21—2007）标准，该标准规定了涉密载体销毁和信息消除的等级、实施方法、技术指标及相应的安全保密管理要求。因此云服务商删除涉密云数据时，要参照标准并结合用户需求，采取有效措施，切实防范数据删除之后的安全风险。

传统数据删除技术有文件删除、格式化硬盘（高级格式化和低级格式化）、覆盖、硬盘分区、文件粉碎软件、消磁、物理破坏等。但都存在删除不彻底、易恢复、开销大、不适用等缺点。在云计算环境下，这些方法都不太适用。在未来几年内，随着云服务使用的普及和云数据的飞速积累，将会越来越重视数据销毁工作。

### 5.7.1 数据销毁技术

数据销毁即彻底删除数据，也就是确保数据删除之后不能再被重新恢复。若云服务商是完全可信的，则当云租户需要删除敏感度较高的数据时，云服务商需要采用适当的数据销毁技术来彻底删除数据。销毁方式可以分为数据软销毁和数据硬销毁两种。

数据软销毁又称为逻辑销毁，指通过数据覆盖等软件方法销毁数据。数据软销毁通常采用数据覆写法，即把非保密数据写入以前存有敏感数据的硬盘簇，以达到销毁敏感数据的目的。硬盘上的数据都是以二进制"1""0"形式存储的，如果使用预先设定的无意义、无规律的信息反复多次覆盖硬盘上原来存储的数据，之后就无法获知相应的位置原来是"1"还是"0"，这就是数据软销毁的原理。根据数据覆写时的具体顺序，数据软销毁技术又分为逐位覆写、跳位覆写、随机覆写等模式，可综合考虑数据销毁时间、被销毁数据的密级等不同因素，组合使用这几种模式。使用数据覆写法进行处理后的存储介质可以循环使用，因此该方法适用于对敏感程度不是特别高的数据进行销毁。当需要对某一个文件进行销毁而不能破坏在同一个存储介质上的其他文件时，这种方法非常可取。

数据硬销毁是指采用物理破坏或化学腐蚀的方法把记录高敏感数据的物理载体完全破坏，进而从根本上解决数据泄露问题。数据硬销毁可分为物理销毁和化学销毁两种方式，物理销毁有消磁、熔炉中焚化、熔炼、借助外力粉碎、研磨磁盘表面等几种方法；化学销毁是指采用化学药品腐蚀、溶解、活化、剥离磁盘，该方法只能由专业人员在通风良好的环境中进行。

### 5.7.2　安全数据删除技术

如果云服务商不可信，则可能违规保存用户要求删除的数据副本，从而在用户不可知的情况下获取用户的隐私信息。针对该问题，可以使用安全删除技术来保障被删除数据的敏感信息不被不可信的云服务商所获知。目前，实现数据安全删除的技术主要分为两大类，即安全覆盖技术和密码学保护技术。

#### 1．安全覆盖技术

安全覆盖技术是指在删除数据时先对数据本身进行破坏，即使用新数据对旧数据进行覆盖，以达到原数据不可恢复的目的。因此，即使云服务商保留了该数据的某些备份并通过某些手段获得密钥来解密，得到的内容也是完全没有意义的。

然而使用安全覆盖技术达到高安全性是有前提的，即云服务商必须提供关于用户的云数据及所有备份存储在哪些存储服务器上的真实信息。若云服务商存储了用户所不知道的备份且不对这些备份执行相应的更新操作，最终还是无法达到安全删除的目的。所以在云服务商完全不可信时，该技术是不能保证高安全性的。

#### 2．密码学保护技术

密码学保护技术的核心思想是对上传到云存储中的数据进行多次加密，并由一个（或者多个）密钥管理者来管理密钥，当数据需要删除时，密钥管理者删除该数据对应的解密密钥，因此即使云服务商保留了该文件的某些备份也无法解密该文件。华盛顿大学的 Geambasu 等于 2009 年提出了一种基于时间的安全文件删除方案，该方案的基本思想是当一个文件在文件系统中被创建时，它就拥有一个时间有效期；需要一个或多个密钥管理者，这些密钥管理者为这些时间有效期生成公私钥对，并公布其中的公钥；每一个文件会使用其时间有效期所对应的公钥进行加密，当文件到了有效期时，密钥管理者就删除该文件对应的公私钥对，使得文件在文件系统中保持加密状态并无法被恢复，以此达到安全删除该文件的目的。与安全覆盖技术相比，密码学保护技术能够在云服务商完全不可信的情况下保证对数据的安全删除，安全性更强。

## 5.8　项目实训

### 5.8.1　PGP 的安装和使用

PGP（Pretty Good Privacy，良好隐私）是 1991 年由 Philip Zimmermann 开发的数字签名软件，提供可用于电子邮件和文件存储应用的保密与鉴别服务，OpenPGP 已提交 IETF 标准化。它的主要特点：免费、可用于多平台（如 DOS/Windows、UNIX、Macintosh 等）、选用算法的生命力和安全性公众认可、具有广泛的可用性、不由政府或标准化组织控制。最终版本是 PGP 10.02[Build13]（PGP SDK 4.0.0）。由于赛门铁克公司的收购影响，PGP 从 10.0.2 以后将不再单独出 PGP 版本的独立安装包形式，将会以安全插件等形式集成于诺顿等赛门铁克公司的安全产品里。

PGP 充分使用现有的各类安全算法，实现了以下几种服务：数字签名和鉴别、压缩、加密、密钥管理等。

**实训任务**

安装 PGP 软件，并实现安全通信。

**实训目的**

（1）掌握 PGP 软件的安装方法；

（2）掌握 PGP 软件的使用方法；

（3）加深对数字签名及公钥密码算法的理解。

**实训步骤**

**1．准备工作：安装 PGP 软件**

由于安装过程结束时需要重新启动计算机，所以选择在虚拟机中安装 PGP 软件，系统版本使用 Windows 2003 Server、Windows XP 或更高版本系统均可（建议使用上述两个版本，因为消耗系统资源较少）。运行安装文件，系统自动进入安装向导，主要步骤如下：

（1）选择用户类型，首次安装时选择"No，I'm a New User"选项。

（2）确认安装的路径。

（3）选择安装应用组件，可以全选或选择默认选项。

上述安装过程都是在安装引导界面中一步步进行的，比较简单，故不再截图说明。

（4）安装完毕后，需要重新启动计算机。重启后，PGP Desktop 已安装在计算机上（桌面任务栏内出现 PGP 图标）。安装向导会继续 PGP Desktop 注册，引导填写注册码及相关信息的操作，如图 5-20 所示，至此，PGP 软件安装完毕。

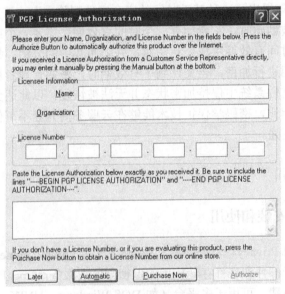

图 5-20 填写注册信息

**2．生成非对称密钥对**

运行软件，单击菜单选择"PGPKeys"选项，在 PGP 密钥生成向导提示下，创建用户密钥对，如图 5-21 所示。

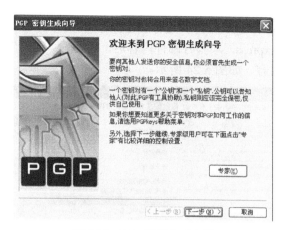

图 5-21　PGP 密钥生成向导

（1）首先输入全名及 E-mail 地址，如图 5-22 所示。

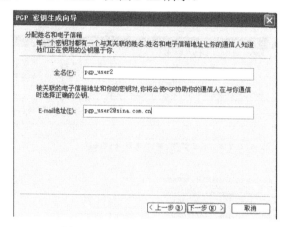

图 5-22　输入全名及 E-mail 地址

（2）输入用户保护私钥密码，如图 5-23 所示。

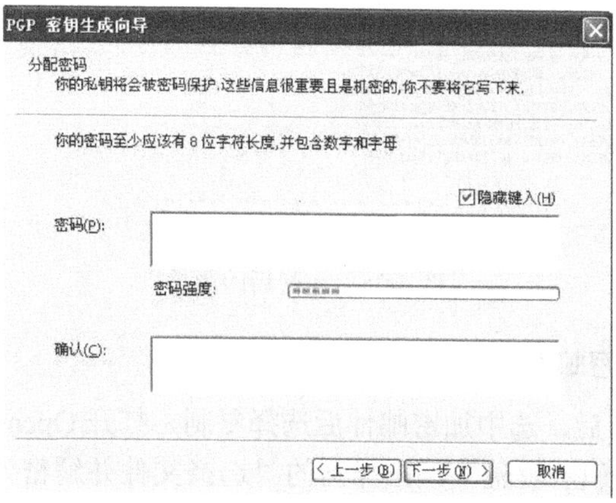

图 5-23　输入用户保护私钥密码

（3）完成用户密钥对的生成，在 PGPkeys 窗口中将出现用户密钥对信息。

### 3．用 PGP 对 Outlook Express 邮件进行加密操作

（1）打开 Outlook Express，填写好邮件内容后，选择→"工具"→"使用 PGP 加密"，使用用户公钥加密邮件内容，如图 5-24 所示。

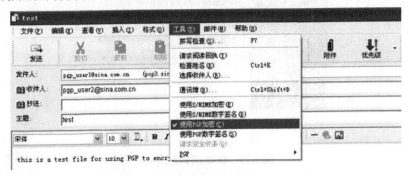

图 5-24　选择加密邮件

（2）发送加密邮件，如图 5-25 所示。

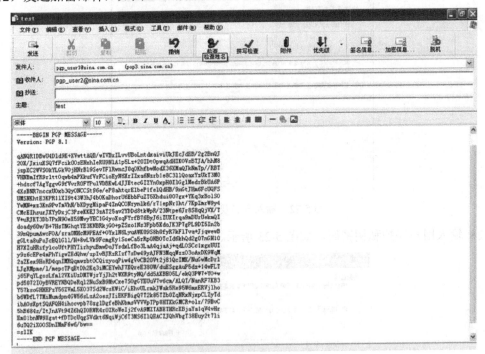

图 5-25　加密后的邮件

### 4．接收方用私钥解密邮件

（1）接收方接到邮件后，选中加密邮件后选择复制，打开 Open PGP Desktop，在菜单中选择→"PGPmail"→"解密/效验"，在弹出的"选择文件并解密/效验"对话框中选择"剪贴板"选项，将要解密的邮件内容复制到剪贴板中，如图 5-26 所示。

（2）输入用户保护私钥口令后，邮件被解密还原，如图 5-27 所示。

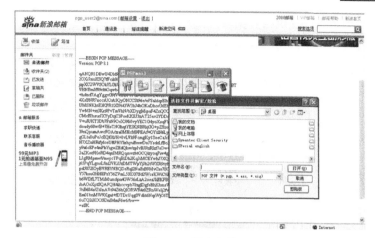

图 5-26 解密邮件

图 5-27 输入用户保护私钥口令

## 5.8.2 云数据安全综合实训

**实训任务**

云数据安全综合实训。

**实训目的**

（1）了解云数据安全综合实训系统的网络拓扑；

（2）了解云数据安全系统的主要功能；

（3）掌握云加密系统的部署和配置。

（4）熟悉云加密系统中，密钥生命周期管理操作的配置和处理流程。

（5）熟悉消磁设备操作的配置和处理流程。

**实训步骤**

**1. 搭建和熟悉云数据安全实训环境**

（1）搭建一套虚拟化系统或私有云平台，作为安全实训的基础环境。

（2）部署云加密系统，提供云数据安全处理中心。

云加密系统部署如图 5-28 所示。

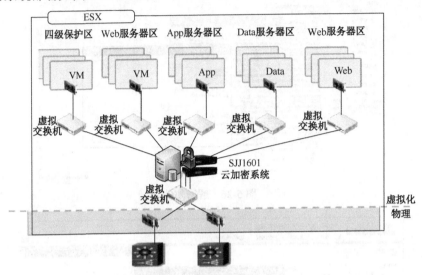

图 5-28　云加密系统部署

云加密系统包括云加密机和云加密综合管理平台，其主要完成如下目标。

① 所有应用系统及核心数据库密码要调用云加密系统进行加密防护，即保障数据的机密性。

② 所有敏感报文数据要经过云加密服务进行加密传输，即保障数据的完整性。

③ 加密密钥采用云加密服务生成和管理，保证了加密密钥的安全性。

④ 通过云加密服务提供支付介质或者用户身份的认证，建立云密钥管理中心，实现密钥全生命周期管理。

⑤ 将加密算法、密钥、硬件加密设备等资源进行统一管理。

⑥ 建立基于云密码机的密码资源池，实现加密机负载均衡，屏蔽底层加密设备和算法的差异，实现加密服务对应用透明。

（3）部署数据消磁系统，提供数据安全删除、消磁等处理。

对涉及数据的产生、传输、存储、使用、迁移、销毁及备份和恢复的全生命周期，在数据的不同生命周期阶段采用数据分类、分级、标识、加密、审计、擦除等手段。

（4）部署云应用系统（如 OA、网上交易系统），通过调用云加密系统，实现诸如安全身份加密认证、密钥安全加密及管理、数据库加密、数据安全备份等功能。

**2. 云数据安全实训内容**

| 序号 | 实训内容 | 达到效果 |
|---|---|---|
| 1 | 云加密 | 掌握云加密相关技术；<br>熟悉云加密系统相关操作配置、处理流程；<br>熟悉云加密系统实现的安全目标 |
| 2 | 云密钥生命周期管理 | 掌握密钥生命周期相关知识，认识其重要意义；<br>熟悉云加密系统中，密钥生命周期管理操作配置、处理流程 |

续表

| 序号 | 实 训 内 容 | 达 到 效 果 |
|---|---|---|
| 3 | 云加密设备<br>消磁处理 | 掌握数据消磁相关技术；<br>熟悉消磁设备操作配置、处理流程；<br>熟悉消磁设备实现的安全目标 |

## 【课后习题】

### 一、选择题

1. 有关 SM2 算法，下列说法正确的是（多选）（　　　）。

   A. 对称算法　　　　　　　　　　B. 非对称算法

   C. 我国国家标准　　　　　　　　D. 基于椭圆曲线算法的一种算法

2. PKI 体系中，核心机构是（　　　）。

   A. 证书颁发机构 CA　　　　　　B. 证书注册审批系统 RA

   C. 证书作废列表　　　　　　　　D. 证书库

3. 可用于数字签名的是（多选）（　　　）。

   A. RSA　　　　　B. DES　　　　　C. AES　　　　　D. ElGamal

4. 数字签名的特点是（多选）（　　　）。

   A. 真实性　　　　B. 完整性　　　　C. 不可验证性　　　D. 不可否认性

5. Hash 算法在信息安全方面的应用主要有（多选）（　　　）。

   A. 文件校验　　　B. 数字签名　　　C. 鉴权协议　　　D. 加密解密

6. 常见的 Hash 算法有（多选）（　　　）。

   A. MD4　　　　　B. MD5　　　　　C. SHA-1　　　　D. RSA

7. 下列算法中（　　）运算速度最快（在相同条件下）。

   A. RSA　　　　　B. DES　　　　　C. 椭圆曲线　　　D. DSA

8. RSA 是基于（　　）的数学难题。

   A. 离散对数　　　B. 背包问题　　　C. 大数的因子分解　D. 单向函数

9. DES 算法密码长度是（　　），DES 密码分组长度是（　　）。

   A. 56 位　　　　　B. 64 位　　　　　C. 128 位　　　　D. 32 位

### 二、简答题

1. 对字符串：Monday Came to Me 使用挪移码进行加密，密钥为 6，写出加密密文。

2. 在 RSA 公钥密码加密的系统中，如果截获密文 $C=10$，已知此用户的公钥为 $e=5$，$n=35$，请问明文的内容是什么？为什么这个例子中明文这么容易破译，这说明了公钥密码体制的什么特点？

3. RSA 密码体制中，如果公钥 $e=61$，$n=3763$，私钥是什么？

4. 云数据生命周期包含哪些阶段，分别涉及哪些安全措施？

5. 说明密文检索技术的方法、作用和意义。

6. 说明灾难恢复的关键指标和层次的内容。

# 第6章　云应用安全

⊞　学习目标

☑　了解云应用面临的安全问题；

☑　理解 4A 统一安全管理的内容；

☑　理解 Web 应用面临的安全攻击；

☑　掌握云 WAF 的概念和作用；

☑　理解 App 安全相关技术；

☑　掌握云 WAF 的使用和配置。

在云计算出现并发展的十多年里，各种云应用悄无声息地走进了人们的生活，如电子邮件、共享单车、打车软件、云办公、云搜索、云存储、云健康、位置服务、社交网络等，人们只需通过互联网就可以随时获取所需的服务，给生活带来了极大的便利。

不幸的是，当前的云应用存在着各种各样的安全隐患，面临着纷繁复杂的安全威胁。作为云应用的两大入口，即云 Web 应用和云 App 都存在安全漏洞，面临着各种攻击（如 SQL 注入攻击、跨站脚本攻击、拒绝服务攻击等）；云应用迁移存在着各种各样的安全隐患；云应用身份认证和访问控制也给许多黑客提供了可乘之机。因此，使用安全技术手段来有效解决以上安全问题从而保障应用的安全性和可靠性，是云应用真正普及的必要前提。

## 6.1　云应用

### 6.1.1　云应用发展现状

云应用是完成业务逻辑或运算任务的一种新型应用，是云计算技术在应用层的体现，其工作原理是把传统软件"本地安装、本地运算"的使用方式变为"即取即用"的服务，通过互联网或局域网连接来操控远程服务器集群完成应用任务，如图 6-1 所示。

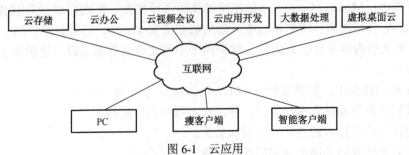

图 6-1　云应用

云应用的主要载体为计算机网络和移动互联网技术，使用 PC、瘦客户端和智能客户端作为展现形式，不仅继承了云计算的所有特性，如灵活、可扩展、按需自助服务等，还具有跨平台、易用和轻量等特性。

在云计算领域，各种各样的云计算应用正如雨后春笋般涌现。云办公市场有谷歌、微软平分秋色；云存储市场有 Dropbox、亚马逊、谷歌、微软、阿里、百度、腾讯等几大巨头企业及其他众多中小企业争相角逐；云安全产品中云杀毒、云检测、云审计等层出不穷；云开发平台上更是百花齐放、百家争鸣，各式应用层出不穷，云应用市场方兴未艾。

### 1．云办公

云办公是基于互联网的大型应用。用户只要拥有一台可以接入网络的设备（如个人电脑、智能手机等）就可以拥有一个移动的办公室，能够随时随地完成诸如文字处理、表格计算、演示文档编辑等常用的办公操作，而不用关心本地设备是否安装了办公软件，也无须担心设备的计算能力不足。

传统的计算机办公产品只是安装在本地计算机或手持设备上的软件包，如微软的 Office 套件。云计算出现之后，谷歌、微软等云服务商逐渐将云计算应用到办公领域，推出了云办公套件，如谷歌的 Google Docs 和微软 Office Online。云办公套件包括在线文档、电子表格和演示文稿三类。使用云办公套件，用户无须再下载或安装额外的软件，就可以通过网络免费地、轻松地执行基本办公操作，不仅可以在线存储，随时更新自己的文件，还可以提高团队的协作效率。

### 2．云存储

云存储的出现不仅可以解决个人用户的数据备份问题，还可以很好地满足诸如电子商务、社交平台、游戏网站等大型互联网企业的特殊需求，如数据多、存储空间大、响应速度快等。海量云存储还给监控视频提供了一种更高容量、更长存储时间的存储方案。云存储服务商一般会将数据至少建立三个副本，跨 IDC 存储到多个数据中心，即使地震、火灾这样的不可抗拒的灾难也能保证数据安全。云存储可以按需（带宽和空间）付费，企业用户可以在业务高峰期时按需使用更多的带宽和空间，解决了自建系统造成的繁忙期紧缺、平时浪费的问题。当前，比较著名的云存储有 Dropbox、Google Drive、SkyDrive、百度网盘、七牛云存储等。

### 3．大数据处理

大数据的存储、分析和处理对传统计算平台的存储能力和计算能力提出了巨大的挑战，而借助云计算平台，这些问题都可以迎刃而解。云计算平台具有海量的存储资源和强大的计算能力，能够顺利地存储与处理 TB 级乃至 PB 级的海量数据。使用云计算平台，企业可以在较短的时间里对较多的数据进行收集、存储、分析与处理，从而极大地增强了企业的数据处理与信息分析的能力，使得企业能够实时精确地挖掘相关数据，并且对数据进行深入的分析，进而提高自身的服务能力。阿里集团的开放数据处理服务（Open Data Processing Service，ODPS）就是基于阿里的飞天云计算平台构建的大规模离线数据分析平台，它重点面向数据量大（PB 级别）且实时性要求不高的海量数据分析应用，提供了大规模数据的离线处理和分析服务，适用于海量数据统计、数据建模、数据挖掘、数据商业智能等互联网应用。

### 4．虚拟桌面云

目前，桌面应用处理业务较多的企业在 IT 资源的投入和管理上存在多方面的问题。首先，企业的 PC 设备大概每三四年就要更换一次，成本支出高昂；其次，PC 性能强大，而桌面应用对资源的利用率低，造成了极大浪费；再次，PC 设备的更新、升级、维护、系统安全加固等都需要耗费大量人力。一旦终端设备的操作系统、应用和安全配置等没有得到及时的更新，就会降低工作效率，还将使保存在设备中的企业数据因缺乏严格的安全保护而面临巨大的风险。

这些问题一直驱使着企业寻找更加经济、有效、方便的 IT 解决方案，而借助桌面虚拟化技术诞生的虚拟桌面云为其带来了希望。虚拟桌面云作为一种桌面虚拟化系统，拥有许多优势。第一，虚拟桌面云可以将桌面作为一种服务交付给任何地点的用户，既可以交付给办公室员工，也可以交付给外地员工，能够提高企业员工的业务灵活性；第二，虚拟桌面云通过在云平台上对桌面的生命周期进行集中管理，不仅可以大大减少 IT 管理员的工作量，还能够集中部署安全措施，提高数据安全性；第三，虚拟桌面云使用户仅仅通过瘦客户端就可以获取云端的桌面系统，完成和以往相同的工作任务，从而大大降低企业的 PC 投入成本。因此，虚拟桌面云通常适合那些需要大量使用桌面系统的企业，目前相关的应用有 Citrix 的 Xen Desktop 和 VMware 的 VMware view 等。

### 5．云应用开发

如果说云办公和云存储都是大型 IT 企业才能胜任的服务，那么为新的智能手机和平板电脑用户量身打造的小型应用，则是中小企业甚至是个体应用开发高手的领地，开发者已经进入"云开发时代"。以往个体开发者普遍面临着开发成本高、获取用户难、可扩展性差三大难题。如今借助云开发平台，在云平台上开发、在云平台上出售、在云平台上消费，这种基于云的开发模式为中小开发者带来曙光，已成为又一个云计算应用的竞争焦点，也将改变普通用户对云应用的消费习惯。

## 6.1.2　云应用安全问题

虽然云计算为应用的开发和推广带来了很多便利和优势，但是基于云计算的各种应用也面临着诸多安全问题。互联网作为云计算信息传输的通道，存在的安全隐患同样威胁着云应用的安全，云计算应用的无边界性和流动性，会带来更多的安全问题。

目前云应用安全问题主要集中在用户管控风险、Web 应用安全问题、App 安全问题、内容安全问题、应用迁移风险等方面，其中 Web 应用安全问题最为突出。

2017 年爆发了多起令全球惊心动魄的网络安全事件，其中多起都与云应用安全相关。

2017 年 2 月，俄罗斯黑帽黑客"Rasputin"利用 SQL 注入漏洞获得了系统的访问权限，黑掉了 60 多所大学和美国政府机构的系统，并从中窃取了大量的敏感信息。遭到 Rasputin 攻击的受害者包括了 10 所英国大学、20 多所美国大学及大量美国政府机构，如邮政管理委员会、联邦医疗资源和服务管理局、美国住房及城市发展部、美国国家海洋和大气管理局等。

同样是 2017 年 2 月，著名的网络服务商 Cloudflare 曝出"云出血"漏洞，Cloudflare 把大量用户数据泄露在谷歌搜索引擎的缓存页面中，包括完整的 HTTPS 请求、客户端 IP 地址、完整的响应、Cookie、密码、密钥及各种数据，在互联网上泄露长达数月时间。经过分析，Cloudflare 漏洞是一个 HTML 解析器惹的祸。由于程序员把">="错误地写成了"=="，仅仅一个符号之差，就导致出现内存泄露的情况。就如同 OpenSSL 心脏出血一样，

Cloudflare 的网站客户也大面积遭殃，包括优步（Uber）、密码管理软件 1Password、运动手环公司 FitBit 等多家企业用户隐私信息在网上泄露。

2017 年 3 月，维基解密（WikiLeaks）网站公布了大量据称是美国中央情报局（CIA）的内部文件，其中包括 CIA 内部的组织资料、对计算机和手机等设备进行攻击的方法技术，以及进行网络攻击时使用的代码和真实样本。利用这些技术，不仅可以在计算机、手机平台上的 Windows、iOS、Android 等各类操作系统发起入侵攻击，还可以操作智能电视等终端设备，甚至可以遥控智能汽车发起暗杀行动。维基解密将这些数据命名为"7 号军火库"（Vault 7），共有 8761 份文件，包括 7818 个网页及 943 个附件。

2017 年 4 月，影子经纪人（Shadow Brokers）公开了一大批 NSA（美国国家安全局）"方程式组织"（Equation Group）使用的极具破坏力的黑客工具，使任何人都可以用 NSA 黑客武器攻击别人的计算机。其中，有十款工具最容易影响 Windows 个人用户，包括永恒之蓝、永恒王者、永恒浪漫、永恒协作、翡翠纤维、古怪地鼠、爱斯基摩卷、文雅学者、日食之翼和尊重审查。黑客无须任何操作，只要联网就可以入侵计算机，就像冲击波、震荡波等著名蠕虫一样可以瞬间血洗互联网。

2017 年 5 月 12 日，WannaCry 勒索病毒事件全球爆发，以类似于蠕虫病毒的方式传播，攻击主机并加密主机上存储的文件，然后要求以比特币的形式支付赎金。全球至少有 150 个国家、30 万名用户中招，造成损失达 80 亿美元，已经影响到金融、能源、医疗等众多行业，造成严重的危机管理问题。中国部分 Windows 操作系统用户遭受感染，校园网用户首当其冲，受害严重，大量实验室数据和毕业设计被锁定加密。部分大型企业的应用系统和数据库文件被加密后，无法正常工作，造成的影响巨大。

2017 年 6 月，美国安全研究人员发现有将近 2 亿人的投票信息泄露，主要是由于美国共和党全国委员会的承包商 Deep Robot Analytics 误配置数据库所导致。泄露的 1.1TB 数据包含超过 1.98 亿美国选民的个人信息，即姓名、出生日期、家庭地址、电话号码、选民登记详情等。UpGuard 表示，这个数据存储库"缺乏任何数据访问保护"，也就意味着访问互联网的人都可以下载这些数据。

这种牵扯到政治的安全事件不止如此，仅仅一个月之后，维基解密在其网站上公布了超过 2.1 万封电子邮件，这些"经过验证"的邮件内容涉及现任法国总统马克龙（Emmanuel Macron）的团队及其总统竞选过程，一时间"邮件门"事件阴云笼罩巴黎。

2017 年 6 月，Petya 勒索病毒的变种开始从乌克兰扩散，与 5 月爆发的 Wannacry 勒索病毒相比，Petya 勒索病毒变种的传播速度更快。它不仅使用了 NSA"永恒之蓝"等黑客武器攻击系统漏洞，还会利用"管理员共享"功能在内网自动渗透。在欧洲国家重灾区，新病毒变种的传播速度达到每 10 分钟感染 5000 余台计算机，多家运营商、石油公司、零售商、机场、ATM 等企业和公共设施已大量沦陷，甚至乌克兰副总理的计算机也遭到感染。

2017 年 11 月，42 名消费者联名起诉亚马逊公司，称在亚马逊网购之后，不法分子利用网站多处漏洞，如隐藏用户订单、异地登录无提醒等，登录网站个人账户，植入钓鱼网站，然后再冒充亚马逊网站客服以订单异常等要求为客户退款，实则通过网上银行转账、开通小额贷款等方式套取支付验证码用以诈骗用户。

由于云应用涉及云服务商、云代理者、云租户、云审计者、云应用开发者等多方参与，在进行安全防护时，先要进行安全职责划分，进而才能对症下药，采取有效防护措施。

## 6.2　用户管理与认证

亚马逊、谷歌、苹果等公司曾多次发生用户账号泄露事件，可见用户管理和认证是云应用中高发的安全问题。云计算系统是海量用户、基础设施提供商和云应用提供商协作共处的复杂环境，在用户可以共享云中资源的同时，也给用户身份认证、访问控制及用户行为审计带来了严峻的挑战，如海量用户账号、口令、证书的管理，跨域的组合授权，外部用户及内部人员行为的审计追踪等，这些都是云计算环境下用户身份认证和访问控制管理需要解决的问题。

### 6.2.1　4A 统一安全管理

相比于传统的信息系统，大规模云计算平台的应用系统繁多、用户数量庞大，用户账号管理难度大，身份认证要求高，用户的授权管理复杂，操作审计覆盖面更加广泛。传统的独立用户账号管理、认证管理、授权管理和安全审计方案，已无法满足云应用环境下用户管理控制的安全需求。因此，云应用平台的用户管理控制必须与 4A 解决方案结合，通过对现有的 4A 体系结构进行改进和加强，实现对云用户的集中管理、统一认证、集中授权和综合审计，使云应用系统的用户管理更加安全、便捷。

4A 统一安全管理平台是解决用户接入风险和用户行为威胁的必然方式。云应用系统的 4A 体系建设包括统一账号（Account）管理、统一身份认证（Authentication）、统一授权（Authorization）管理、统一审计（Audit）管理。统一后的用户集中管理平台，可以提供统一的基础安全服务技术架构，使新的应用可以很容易地集成到安全管理平台中。通过该平台对业务支撑系统的各种 IT 资源（应用和系统）进行集中管理，为各个业务系统提供集中的 4A 安全服务，能够提升业务支撑系统的安全性和可管理能力。

### 6.2.2　账号管理

在云计算应用系统中，云服务商应对云租户的账号进行集中维护管理，为云计算系统的集中访问控制、集中授权、集中审计提供可靠的原始数据。

统一账号管理包括两个方面，即统一身份和统一管理。

#### 1．统一身份

统一身份是指用户在云应用系统中要有一个全局身份，用户仅需使用这个全局身份就可访问云应用系统中所有的子系统。对用户获得的统一身份账号进行管理时，要注意以下内容。

① 要为每个用户分配唯一的用户账号，用户间不得共用同一个账号和密码，在添加、修改、删除用户账号和操作权限前，必须履行严格的审批手续。

② 用户首次登录云计算系统时，应强制要求其设置比较复杂的密码，还要对密码进行加密保护，并且要定期更改登录密码，重置用户密码前，必须对用户身份进行核实。

③ 要限制用户登录云计算系统的连续失败次数，达到一定上限后，应该暂时冻结该用户账户，在系统管理员对用户身份验证并通过后，才能恢复用户状态。用户登录云计算系统后，如果工作暂停时间超过一定限制，云计算系统应要求用户重新登录，并验证身份。

④ 用户账号在互联网或无线网络中传输时，要使用加密技术（如 SSL、TLS、IPSec）等进行加密保护。

⑤ 对于保存到期或已经使用完毕的账号信息，应建立严格的销毁登记制度。

### 2. 统一管理

统一管理是指要能够通过唯一的管理界面对用户在不同子系统的账户进行集中和统一管理。要对用户身份信息进行组织管理，以云应用系统内部工作人员和外部用户的组织结构为基础，建立统一的用户身份信息管理视图。

用户身份信息的组织管理必须满足以下需求：可以对用户进行灵活的添加、删除和修改；可以对人员的身份信息进行统一管理；可以按照名称进行搜索，查看用户的信息；可以灵活配置组织架构，在人员变动和组织结构变动时能非常快捷地实现更改；可以对用户进行角色指派、授权等操作；可将部门作为一个整体授予权限。

总之，在对云计算系统的用户账号进行管理时，需要制定完善的账号生命管理周期，并在各个阶段制定严格的管理措施。基于账号的生命周期，实现云应用平台各类账号的统一管理，以此保证用户账号的安全性，进而提高云应用系统的安全性。

## 6.2.3　身份认证

统一身份认证是指一个用户只要在一个登录入口、使用一个身份凭证、在线完成一次认证就能访问云应用系统中其能访问的子系统，即实现统一身份认证和单点登录。统一身份认证的安全性极其重要，因为它一旦被攻破，就能得到用户的信息，后果将非常严重。因此，在实现统一认证入口、单点登录功能的情况下，更需要使用高安全强度的身份认证技术。

用户身份认证的方法有很多，主要分为三类：

① 基于被验证者所知道的信息，即知识证明，如使用口令、密码等进行认证；

② 基于被验证者所拥有的东西，即持有证明，如使用智能卡、USB Key 等进行证明；

③ 基于被验证者的生物特征，即属性证明，如使用指纹、笔迹、虹膜等进行认证。

当然也可以综合利用这三种方式来鉴别，一般情况下，鉴别的因子越多，鉴别真伪的可靠性越大，当然也要考虑鉴别的方便性和性能等综合因素。

云应用系统拥有海量用户，使其必然面临着海量的访问认证请求和复杂的用户权限管理问题，而传统的基于单一凭证的身份认证技术不足以解决上述问题，因而基于多种安全凭证的身份认证和基于单点登录的联合身份认证成为云计算身份认证的主要选择。

### 1. 基于多种安全凭证的身份认证

为了解决云计算中多重身份认证问题，基于多种安全凭证的身份认证技术应运而生。它包括基于安全凭证的 API 调用源鉴别和多因素认证。

（1）基于安全凭证的 API 调用源鉴别

在云计算中，用户通过 Web 调用 API 来使用云服务，而其他合法用户也可以通过 API 调用实现对该用户资源的访问。因此，基于安全凭证对 API 调用请求的发起者进行身份鉴别是云计算中必不可少的安全技术。在 API 调用源的鉴别中，API 调用请求的发起者可以是云用户，也可以是某个部署在云环境中的应用程序，这里统称为云用户。目前主要有 Access Key 和证书两种类型的安全凭证。

① Access Key 安全凭证：用户在创建账户时，由云服务商为该账户分配 Access Key。对于某些部署在云环境中的应用程序，也可以由该应用程序的用户管理员为其域内的用户创建 Access Key。例如，使用 Google App Engine 的应用程序管理员，可以通过 API 控制台为其用户创建 Access Key。

② 证书安全凭证：证书是指一个 X.509 证书，可以由云服务商为用户生成数字证书及私钥文件，也可以由用户自己通过第三方工具（如 OpenSSL 等）生成。如果用户使用自己生成的证书作为安全凭证，必须在发起 API 请求之前将证书上传至验证服务器，该证书不需要由特定的 CA 签发，只要语法和密码逻辑正确，且在有效期内，就会被验证服务器认定为合法证书。X.509 证书包括证书文件和相应的私钥文件。证书文件包含该证书的公钥和其他一些元数据；私钥文件中包含用户对 API 请求进行数字签名的私钥，由用户唯一持有，验证服务器不保存该私钥文件的任何副本。

（2）多因素认证

多因素认证技术是指在用户登录云计算平台时采用多安全凭证技术。在多因素认证机制中，用户首先需要提供用户名和口令，然后提供验证码，验证码由云服务商支持的多因素认证设备生成。

认证设备可以是用户个人手机、计算机等，也可以是云服务商专门提供给用户的动态口令卡，许多云服务商都支持上述两类认证设备。其中，基于手机、计算机等认证设备的多因素认证服务大多是免费的，但是这种非专用的认证设备本身很可能存有用户云服务账号的口令，而存在泄露风险。基于专门的动态口令卡的多因素认证服务虽然需要收取一定的费用，但安全性更强。因此，用户在选择多因素认证方案时，需要综合考虑安全性和经济性的要求。

### 2. 基于单点登录的联合身份认证

云计算中另一种迅速发展的身份认证技术是基于单点登录（Single Sign On，SSO）的联合身份认证技术。随着云计算的发展和普及，用户往往使用了许多不同云服务商提供的服务，在完成一项工作的过程中要登录不同的云服务平台，进行多次身份认证，这样不仅降低了工作效率，还造成用户需要注册和管理大量账号口令的难题，存在账号口令泄露的风险。云联合身份认证技术就是为了解决这一问题，用户只需要在使用某个云服务时登录一次，就可以访问所有相互信任的云平台，而不需要重复注册和登录多个账号。单点登录方案是实现联合身份认证的有效手段，目前许多云服务商都支持基于单点登录的联合认证。典型的单点登录实现方案有 OpenID 协议和基于 SAML 的单点登录等。

## 6.2.4　授权管理

统一授权管理是指通过统一的管理界面或平台对云应用系统中所有子系统的用户访问权限或访问控制策略进行集中的管理。

在云应用系统中，应建立统一的授权管理策略，以满足云计算多租户环境下复杂的用户授权管理要求，进而提高云应用系统的安全性。统一授权管理分为面向主体和面向客体两个部分。

面向主体的授权是指针对某一用户、用户组、角色，管理员可以为其授予访问某个应用或应用子功能的权限。在对授权主体的授权管理上，需要建立三类用户主体，即用户账号、角色和组。角色管理主要包括以下几点：

① 角色的生命周期管理，包括创建、删除、修改、查看角色信息；

② 用户角色指派，即给用户指派相应的角色；

③ 部门角色指派，即给部门（用户组）指派相应的角色；

④ 角色权限设置，即给角色分配相应的权限。

面向客体的授权即面向资源（应用）的授权，是指对于某一选定应用（或其子功能、功能组），管理员可以设定用户、用户组、角色的访问权限。从授权的粒度上看，授权可以分为粗粒度授权和细粒度授权。

① 粗粒度授权即授权面向的客体（资源）是整个应用，被授权的主体（用户、用户组、角色）或能访问某个应用及其所有功能，或不能访问这个应用、不能使用其功能。

② 细粒度授权是指在控制用户可以访问哪些应用系统的基础上，设置更加细致地对应子功能的使用权限。

统一授权管理策略具有多方面的优势。从安全管理员的角度看，不仅可以在统一的授权策略下对所有用户的访问权限进行集中管理，还能及时发现未授权的资源访问、权限滥用等；从用户的角度看，可以保证对用户权限的分配符合安全策略要求，使用户拥有完成任务所需要的最小权限；从系统安全的角度考虑，可以避免出现越权访问，满足各种资源的安全需求。

### 6.2.5　安全审计

安全审计是指在信息系统的运行过程中，对正常流程、异常状态和安全事件等进行记录和监管的安全控制手段，防止违反信息安全策略的情况发生，也可用于责任认定、性能调优和安全评估等目的。安全审计的载体和对象一般是系统中各类组件产生的日志，格式多样化的日志数据经规范化、清洗和分析后形成有意义的审计信息，辅助管理者形成对系统运行情况的有效认知。

统一安全审计是指对用户访问云应用系统的关键操作进行必要的记录，并统一保存在一个集中的数据库中，在需要的时候能够查看、分析所有相关的记录。

复杂的云计算架构使其面临的安全威胁更多，发生安全事故的可能性更大，对事故响应、处理、恢复的速度要求也更高。因而，安全审计常用的系统日志信息对于平台运行维护、安全事件追溯、取证调查等方面来说尤为重要。云计算系统应通过建设集中的日志收集和审计系统，实现对账号分配情况的审计、对账号授权的审计、对用户登录后操作行为的审计，从而提高对违规事件的事后审查和恢复能力。

云计算安全审计系统主要包括 System Agent、应用代理和审计中心三大模块，能够实现告警响应、Agent 数据采集、审计分析、审计浏览、日志存储和日志过滤六大功能。

## 6.3　内容安全管控

内容安全是伴随着互联网的出现和广泛应用而产生的一种安全性需求，其宗旨是防止非授权的信息内容进出网络，具体包含政治、健康、保密、隐私、产权、防护六个方面的内容。政治方面要防止来自反动势力的攻击和诬陷言论；健康方面要剔除色情、淫秽和暴力内容；保密方面要防止国家和企业机密被窃取、泄露和流失；隐私方面要防止个人隐私被盗取、倒卖、滥用和扩散；产权方面要防止知识产权被剽窃、盗用；防护方面要防止病毒、垃圾邮件、网络蠕虫等恶意信息耗费网络资源。

### 6.3.1 内容安全问题

随着 Web2.0 应用的普及，内容安全问题日渐严重，具体有如下几个方面。

① 病毒、蠕虫及木马攻击：互联网环境日益复杂，安全漏洞持续增多，病毒、蠕虫、木马等恶意程序层出不穷，大量黄色网站也为这些网络病毒提供了攻击和生存的场所。

② 垃圾邮件泛滥：大量垃圾邮件不仅浪费了存储资源和带宽，同时也传播了网络病毒。

③ 带宽滥用：网络视频、网络游戏的无节制使用，以 BT、电驴为首的 P2P 下载，消耗大量的网络带宽资源。

④ 信息泄露：大量缺乏安全性考虑的 Web 应用平台往往存在一些极易遭受攻击的漏洞，导致了大量用户信息的泄露。

⑤ 网络低俗信息泛滥：网络上色情图像、色情小说、色情电影、色情动画、色情游戏、邪教等低俗信息迅速蔓延，严重污染了社会文化环境，危害着网络用户的身心健康。

⑥ 知识产权侵犯：互联网的广泛开放导致电影、音乐、论文、书籍等资源的知识产权保护问题日益严重，盗版现象屡禁不止。

⑦ 无线上网安全威胁：无线上网的盛行导致垃圾短信、手机广告、非法信息等泛滥成灾，大量病毒通过手机肆意传播。

⑧ 虚假反动信息泛滥：网络信息发布的自由性和无限制性，使得大量谣言和反动言论迅速蔓延，容易造成舆论误导，产生恶劣的社会影响甚至诱发社会动荡。

在云计算中，多数云应用的开发都要基于 Web2.0 技术，上述内容安全威胁在云计算中仍然存在，甚至可能因为云计算的方便性和易用性产生恶化。此外，云的高度动态性还增加了网络内容监管的难度。首先，云计算所具有的动态特征使得建立或关闭一个网站服务较之以往更加容易，成本代价更低。因此，各种含有黄色内容或反动内容的网站将很容易以打游击的模式在云平台上迁移，使追踪管理难度加大，对内容监管更加困难。其次，云服务商往往具有国际性的特点，数据存储平台也常会跨越国界，将网络数据存储到云上可能会超出本地政府的监管范围，或者同属多地区、多国的管辖范围，这些不同地域的监管法律和规则之间很有可能存在着严重的冲突，当出现安全问题时，难以给出公允的裁决。

### 6.3.2 内容安全检测

内容安全检测技术主要有文本检测、图片检测、视频检测、音频检测等，具体内容如下。

（1）文本检测

文本检测主要检测网页、评论/留言、弹幕、签名/昵称、IM 即时通信中的恶意内容，主要包括如下几个方面。

① 色情文字识别：结合语义分析和聚类分析，精准识别涉黄文本；

② 广告文字识别：通过海量大数据样本分析，高效识别变种推广类文本；

③ 敏感文字识别：深度定制模型，建立多维度用户画像，高效识别宗教、枪支、血腥等敏感文本；

④ 涉政文字识别：实时共享违禁公库，支持自定义关键词，高效识别涉政文本；

⑤ 灌水文字识别：建造灌水类文本专属模型，不断扩充样本特征，高效识别灌水类文本。

（2）图片检测

图片检测主要检测网页、评论/留言、头像、IM 即时通信中的违规图片内容，主要包括如下几个方面。

① 涉黄图片识别：基于海量大数据样本库，优化机器学习算法，高效识别涉黄图片；

② 广告图片识别：结合 OCR 处理技术，有效过滤识别广告类图片样本；

③ 涉政图片识别：共享大数据样本库，同步权威政策法规，高效过滤涉政类图片；

④ 暴恐图片识别：基于海量大数据样本库分析，辅助业务安全数据监控，高效识别暴恐图片；

⑤ 自定义图片识别：支持特殊自定义过滤图片标准，满足个性化需求。

（3）视频检测

视频检测主要检测网页、直播间、短视频、点播视频中的违规视频内容，主要包括如下几个方面。

① 色情视频过滤：基于海量大数据样本库，优化机器学习算法，高效识别涉黄视频；

② 涉政视频过滤：共享大数据样本库，同步权威政策法规，高效过滤涉政视频；

③ 暴恐视频过滤：基于海量大数据样本库，辅助业务安全数据监控，高效识别暴恐视频；

④ 违规 MD5 库：共享违禁 MD5 视频公库，实时拦截违规视频，支持自定义添加私库。

（4）音频检测

音频检测主要检测网页、IM 即时通信、直播音频、点播音频中的违规音频内容，包括如下几个方面。

① 色情语音过滤：针对色情、涉黄类语音可快速过滤识别拦截；

② 违规语音过滤：针对涉政、反动、违禁舆论等违规语音精准识别拦截；

③ 谩骂语音过滤：针对谩骂类语音快速识别拦截。

## 6.4　云 Web 应用安全

### 6.4.1　针对 Web 应用的攻击

随着 Web 的广泛应用，黑客逐步将针对网络服务器的攻击转移到针对 Web 应用的攻击，根据 Gartner 的最新调查，有 75%的攻击发生在 Web 应用，而非网络层面上，与 Web 应用相关的网络恶意代码和页面篡改事件非常多。2017 年全球安全报告显示，平均每个 Web 应用中包含 11 个漏洞。这些漏洞导致了常见的 Web 攻击，如 SQL 注入、跨站脚本攻击、网页篡改、恶意程序攻击、跨站脚本（XSS）攻击、CC 攻击等。OWASP（开放式 Web 应用程序安全项目）发布的 *OWASP Top 10 2017*《10 项最严重的 Web 应用程序安全风险》提到的十大 Web 应用安全漏洞有注入、失效的身份认证和会话管理、敏感信息泄露、XML 外部实体（XXE）、失效的访问控制、安全配置错误、跨站脚本（XSS）、不安全的反序列化、使用含有已知漏洞的组件、不足的日志记录和监控。下面对最常见的几种攻击做简单介绍。

### 1. SQL 注入

注入是一大类攻击行为，攻击者把包含恶意指令的数据发送给应用程序的解析器，解析器将收到的数据直接转换为指令去执行，攻击者的恶意数据可以诱使解析器在没有适当授权的情况下执行非预期命令或访问数据。包括 SQL 注入、NoSQL 注入、OS 注入和 LDAP 注入等。

SQL 注入就是把 SQL 命令插入到 Web 表单然后再提交到所在的页面请求（查询字符串），从而达到欺骗服务器执行恶意的 SQL 命令。它是利用已有的应用程序，将 SQL 语句插入到数据库中，执行一些并非按照设计者意图的 SQL 语句，其本质原因是程序没有细致过滤用户输入的数据，从而导致非法数据进入系统。

### 2. 恶意程序攻击

恶意程序攻击是指攻击者通过一定手段强行将一个恶意软件（如病毒程序）放到云平台中，达到破坏云平台安全的目的。恶意软件注入云平台后，一旦云平台将该程序视为合法服务，就存在用户对其发出访问请求的可能性。用户的请求一旦成功，恶意软件就得以执行，并开始肆意破坏云平台。不仅如此，恶意软件还可以通过互联网络蔓延到用户终端，对终端进行破坏，并且这种破坏会随着云用户的增加而扩大破坏范围，进而造成巨大的危害和损失。

### 3. 网页篡改

网页篡改就是黑客攻击 Web 站点，将原始网页的内容更改为广告、色情或其他恶意非法信息，致使正常的网页访问无法进行，造成恶劣影响。商务网站、政务网页、企事业单位网页等是网页篡改的重灾区。

### 4. 跨站脚本（XSS）攻击

当应用程序的新网页中包含不受信任的、未经恰当验证或转义的数据时，或者使用可以创建 HTML 或 JavaScript 的浏览器 API 更新现有的网页时，就会出现 XSS 缺陷。XSS 让攻击者能够在受害者的浏览器中执行脚本，并劫持用户会话、破坏网站或将用户重新定向到恶意站点。

### 5. CC 攻击

CC 攻击是 DDoS（分布式拒绝服务）的一种，攻击者借助代理服务器生成指向受害主机的合法请求，实现 DDoS 和伪装。业界将这种攻击命名为 CC（Challenge Collapsar，挑战黑洞），是由于在 DDoS 攻击发展前期，绝大部分都能被业界知名的"黑洞"（Collapsar）抗拒绝服务攻击系统所防护，于是在黑客研究出一种新型的针对 HTTP 的 DDoS 攻击后，将其命名为 Challenge Collapsar，声称黑洞设备无法防御，后来大家就延用 CC 这个名称至今。

随着云应用的成熟，用户数量日益攀升，但云 Web 应用遭受 CC 攻击而停止服务，则使所有的云用户都将被波及，由此给用户和云服务商所造成的损失相比于传统的 Web 应用将会更加难以估量。

## 6.4.2　Web 应用安全防护

Web 应用安全防护包括技术和管理两个方面。

① 技术方面，要做到事前、事中、事后都有防范措施。事前要加强检测，包括检测用户访问 Web 应用的权限、用户对 Web 应用的输入数据、系统漏洞情况等；事中进行实时监控，包括监控系统进程、性能、状态，监控不正常行为，发现攻击行为及时报警和响应；事后要识别并拦截攻击行为，进行日志记录和安全审计。另外，修补漏洞非常重要，一定要第一时间修补 Web 漏洞，防止黑客利用漏洞开展攻击。

② 管理方面，要加强开放服务管理，加强对操作权限的审核。从运维的角度、人力资源管理的角度、组织管理的角度，加强安全管理。同时，要使用专用安全工具，以提高 Web 应用的安全防范能力。

## 6.4.3　Web 应用防火墙

Web 应用防火墙（Web Application Firewall，WAF）可以很好地解决 Web 应用的安全问题。Web 应用防火墙是集 Web 防护、网页保护、负载均衡、应用交付于一体的 Web 整体安全防护设备产品。它采用主动安全技术实现对应用层的内容检查和安全防御，通过建立正面规则集来描述行为和访问的合法性。对于接收到的数据，Web 应用防火墙从网络协议中还原出应用数据，并将其与正面规则集进行比较，只允许规则集中的正常数据通过。因为 Web 应用防火墙是通过先学习合法数据流进出应用的方式，然后再识别非法数据流进出应用的方式来检测数据包，因此，Web 应用防火墙可以防御未知攻击，阻止针对 Web 应用的攻击。

Web 应用防火墙具备以下特点。

① 全面防护：可在应用层检查 HTTP 和 HTTPS 的流量，在合法的应用程序运行时查找试图蒙混过关的攻击程序，能够检测和防御各类常见的 Web 应用攻击，如蠕虫、黑客攻击、跨站脚本、网页钓鱼等。提供对 SQL 注入的有效防护，有效遏制网页篡改。

② 深入检测：细粒度地检测并防御常见的拒绝服务攻击行为及 CC 攻击、数据库攻击等。

③ 高可靠性：提供硬件 Bypass 或 HA 等可靠性保障措施，确保 Web 应用核心业务的连续性。

④ 管理灵活：提供基于 IP、端口、协议类型、时间及域名的灵活访问控制；基于对象的虚拟防护，为每位用户量身定制安全防护策略；支持规范的在线升级和离线升级。

⑤ 审计功能：能够详细记录日志、应用访问日志及攻击统计报表。

Web 应用防火墙的典型产品有天融信 Web 应用安全网关 TopWAF、启明星辰天清 Web 应用安全网关等。

## 6.4.4　云 WAF 产品

随着云 Web 应用的迅速发展和繁荣，云 Web 应用安全问题越来越受到云服务商、云租户的重视，云服务商纷纷推出云 WAF 产品，对云 Web 应用进行保驾护航，典型的产品有阿里云 WAF、网易云 WAF、腾讯网站管家 WAF 等。

云 WAF 的原理就是把域名<—>IP 解析权移交给 WAF 提供商，通过其访问目标服务器

IP，可以隐藏服务器的真实 IP。

### 1. 主要功能

云 WAF 的主要功能有以下特点。

（1）Web 应用攻击防护

采用内置多种防护策略，可选择 SQL 注入、XSS 跨站、WebShell 上传、后门隔离保护、命令注入、非法 HTTP 协议请求、常见 Web 服务器漏洞攻击、核心文件非授权访问、路径穿越、扫描防护等安全防护；专门针对高危 Web 0day 漏洞，专业安全团队 24 小时内提供虚拟补丁，自动防御保障服务器安全；通过域名 DNS 牵引流量，不对攻击者暴露服务器地址，避免绕过 Web 应用防火墙直接攻击。

（2）缓解恶意 CC 攻击

采用低误杀的防护算法，不再对访问频率过快的 IP 直接粗暴封禁，而是综合 URL 请求、响应码等分布特征判断异常行为；针对请求中的常见头部字段，如 IP、URL、User-Agent、Referer 参数中出现的恶意特征配置访问控制；企业版可定制设置针对某具体 URL 业务的正常访问频率规则；可定制化提供对海量恶意 IP 黑名单、恶意爬虫库的封禁能力。

（3）业务安全保障

无须修改服务器源码、调用 API 接口等复杂操作，一键配置，自动防护；针对正常的浏览器或者 App 访问，无须访问者任何额外操作；针对疑似机器人访问行为，使用浮层滑块验证；通过强大的设备指纹、人机识别能力保障业务运营活动正常开展，保障业务安全和良好的用户体验。

（4）HTTPS 优化、HTTP/HTTPS 访问控制

源站如果为 HTTP 网站，上传证书私钥后，可一键改造为 HTTPS，无须服务器改造；支持 HTTPS 业务流量以 HTTP 回源，降低源站的负载消耗，优化业务性能。

通过 IP 访问控制、URL 访问控制、恶意 CC 变种攻击防范、恶意爬虫防护、盗链防护、基于地理区域的封禁等多维度控制，实现流量的精准控制。

（5）日志管理

提供全量日志智能检索，一键搜索异常请求及安全攻击拦截，了解当前网站业务状况。

### 2. 云 WAF 的接入和配置

云 WAF 的接入非常简单，基本思路是将原 Web 站点域名添加到 WAF 防护，DNS 云解析后就将域名对应的 IP 变为了 WAF IP。以后的访问流量就需流经云 WAF，实现访问过滤。

配置过程如图 6-2 所示，首先添加域名、源站 IP、选择协议类型；然后根据业务需要，选择是否开启 SQL 注入防护、网页防篡改、CC 攻击防护、黑白名单等；最后修改 DNS 解析记录，指向新的 CNAME。

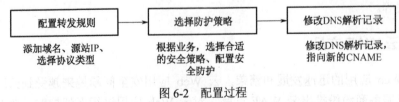

图 6-2　配置过程

配置前后用户使用浏览器访问 Web 应用的过程比较，如图 6-3 所示。

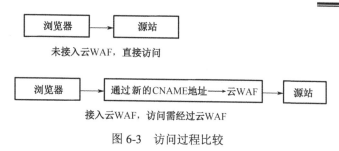

未接入云WAF，直接访问

接入云WAF，访问需经过云WAF

图 6-3　访问过程比较

## 6.5　云 App 安全

据工业与信息化部 2017 年发布的《2017 年上半年我国互联网业务运行情况报告》显示，国内移动应用程序市场持续活跃且移动互联网应用数量已超 402 万款，其中游戏达 116 万款。在 App 数量迅速壮大的背后，是 App 安全问题的不断突现。

### 6.5.1　App 安全问题

App 安全问题表现在两个方面，一是恶意移动应用泛滥；二是移动应用安全风险突出。

#### 1. 恶意移动应用泛滥

结合国内移动应用市场的实际情况，SecApp Lab 联合 OWASP 中国、百度、互联网安全研究中心，通付盾等应用安全联盟成员，在对上百万应用安全分析，并参考行业各类资源后，发布了十大移动应用恶意行为，这十大恶意行为如下。

① 山寨应用："二次打包"伪造成流行应用，吸引用户下载，实现攻击。

② 隐私窃取：窃取用户身份信息、银行卡信息等。

③ 资费消耗：消耗用户网络套餐资费。

④ 恶意扣费：通过恶意发送收费短信、订阅收费服务等扣除用户账号资金。

⑤ 远程控制：远程控制用户手机设备，形成移动设备僵尸网络。

⑥ 窃取资金：窃取用户移动数字钱包或网银资金。

⑦ 恶意传播：利用传播路径漏洞进行恶意传播，影响市场规则。

⑧ 静默下载：静默下载安装恶意应用，实现多方式攻击。

⑨ 跨平台感染：通过移动设备与 PC 的 USB 连接感染 PC 设备。

⑩ 系统破坏：破坏移动设备系统正常操作。

#### 2. 移动应用安全风险

OWASP 发布的 *OWASP Mobile Top 10 2016*《十大移动应用安全风险 2016 版》显示，即便是正常的 App，也存在明显的安全风险，主要有如下十个方面。

① 平台使用不当：包括平台功能的滥用，或未能使用平台的安全控制。它可能包括 Android 的意图（Intent）、平台权限、TouchID 的误用、密钥链（KeyChain）及移动操作系统中其他安全控制平台。

② 不安全的数据存储：包括不安全的数据存储和非故意的数据泄露。

③ 不安全的通信：包括不健全的握手通信过程、SSL 版本的不正确使用、脆弱协议、敏感信息的明文传输等。

④ 不安全的身份验证：对终端用户身份验证不安全或不当的会话管理。包括没有对所有用户进行身份识别、没有保持对用户身份的确认及会话管理中的漏洞等。

⑤ 加密不足：代码使用加密技术对敏感信息资产进行加密，但加密技术的应用在某种程度上是不足的。

⑥ 不安全的授权：这个类别包括任何失败的授权行为（如在客户端的授权决策、强迫浏览等），它有别于身份验证问题（如设备注册、用户标识等）。

⑦ 客户端代码质量问题：移动客户端代码级别开发问题导致的各种漏洞，如缓冲区溢出、字符串格式漏洞及其他不同类型的代码级错误，这些错误的解决方法是重写在移动设备中运行的某些代码。

⑧ 代码篡改：一旦应用程序交付至移动设备，代码和数据资源就都存放在那里。攻击者既可以直接修改代码、动态修改内存中的内容、更改或替换应用程序使用的系统 API，也可以修改应用程序中的数据和资源。为攻击者提供了颠覆本软件用户的使用预期，或是获得金钱利益的直接方法。

⑨ 逆向工程：黑客对核心二进制代码进行分析，可能确定源代码、库文件、算法和其他资产等内容。如 IDA Pro、Hopper、Otool 和其他二进制检验工具，使攻击者能洞察到应用程序内部的工作原理。这可用于在应用程序中发现其他漏洞，并可揭露有关后端服务器、加密常数、密码及知识产权的信息。

⑩ 无关的功能：通常开发人员不会隐藏后门程序，或其他内部开发安全控件发布到生产环境中。如开发人员可能在一个混合应用程序中无意包含了一个作为注释的密码，或在测试阶段禁用了双因子身份验证等。

## 6.5.2 云 App 安全加固

为加强 App 安全防护，各云服务商研究、提供了云 App 安全加固服务，分别针对 Android 应用和 iOS 应用，从加密、反调试、反逆向、防篡改等方面进行安全保护。下面以网易云·易盾和微软云 App（Microsoft Cloud App Security）为例，说明其主要技术措施。

### 1. 网易云·易盾

网易云·易盾是从 Android 应用加固、iOS 应用加固、SDK 加固、安全组件等角度出发描述其云 App 防护措施，这些防护是从云 App 开发者角度进行的，主要包括如下技术。

（1）手游保护

支持多种游戏框架，提供游戏引擎保护、资源文件保护、外挂防御等功能，杜绝外挂横行、广告植入、内购破解等恶意行为。

（2）防逆向

多重指令转换 VMP 虚拟机保护技术，对关键代码、核心逻辑进行加密保护，避免通过 IDA、readelf 等逆向工具分析获取源码。

（3）防篡改

对 App 应用每个文件分配唯一识别指纹，替换任何一个文件都会导致无法运行，从而防止广告病毒植入、二次打包、功能屏蔽等恶意破解。

（4）防调试

多重加密技术防止代码注入，防止 Java 层/ C 层动态调试，可有效抵挡动态调试、内存 DUMP、代码注入、HOOK 等恶意攻击。

（5）数据保护

提供安全键盘、通信协议加密、数据存储加密、异常进程动态跟踪等功能技术，在各个环节有效阻止数据被捕获、劫持和篡改。

（6）代码逻辑混淆

在编译环节将 iOS 代码逻辑变形膨胀，复杂化，降低反编译及逆向破解风险。

（7）符号混淆

将代码中类名、方法名、属性名替换为无意义符号，增加代码逆向难度。

## 2. 微软云 App

微软云 App 安全防护从使用者角度，进行云 App 防护，主要有如下措施。

（1）发现并评估风险

在用户网络上识别云应用，获得 Shadow IT（影子 IT）的可见性，并进行风险评估和持续分析。Shadow IT 用于描述未经公司和组织授权而创建和应用的 IT 解决方案和系统。简单的例子是企业员工使用自己熟悉的智能型手机或平板开展工作，这种 BYOD（Bring Your Own Device）的风潮也已经渐渐被企业所接受，但它们在可靠性、文档、控制、安全性等方面可能并不符合公司的要求。

（2）实时控制访问

根据条件和会话上下文（包括用户标识、设备和位置）管理和限制云应用程序访问，既使是批准使用的云 App，也要对其进行监视和控制。设置粒度访问和活动级别的策略，如允许用户从非托管设备访问，同时阻止敏感数据的下载。

（3）保护用户信息

获取对数据的精细控制，并使用内置或自定义策略进行数据共享和预防数据丢失。设置统一的信息保护策略，并立即在云应用上执行（无论是来自微软，还是第三方），如 Box、Dropbox 和 Salesforce。提供可定制的精细控制策略和强大的补救措施，包括隔离和共享限制、扫描和分类云中的文件，并应用 Azure 信息保护标签。

（4）检测和防止威胁

使用 Microsoft 行为分析和异常检测功能，识别高危使用并检测异常用户活动。使用内置模板识别潜在的勒索软件活动，并应用文件策略搜索唯一的文件扩展名，在检测到潜在攻击后，使用模板挂起可疑用户，并防止对用户文件进一步加密。

# 6.6 项目实训

X-WAF 是一款适用中/小企业的云 WAF 系统，可以非常方便地拥有免费云 WAF。网址 https://waf.xsec.io 有安装文件及配置说明。

**实训任务**

搭建一款方便易用的云 WAF。

**实训目的**

（1）了解云 WAF 的基本原理；

（2）了解云 WAF 的主要功能；

（3）掌握云 WAF 的部署和配置。

**实训步骤**

X-WAF 主要特性：支持对常见 Web 攻击的防御，如 SQL 注入、XSS、路径穿越、阻断扫描器的扫描等；支持对 CC 攻击的防御；WAF 为反向模式，后端保护的服务器可直接用内网 IP，不需暴露在公网中；支持 IP、URL、Referer、User-Agent、Get、Post、Cookies 参数型的防御策略；安装、部署与维护非常简单；支持在线管理 WAF 规则；支持在线管理后端服务器；多台 WAF 的配置可自动同步；跨平台，支持在 Linux、UNIX、MAC 和 Windows 操作系统中部署。

X-WAF 由 WAF 自身与 WAF 管理后台组成。WAF：基于 OpenResty + Lua 开发；WAF 管理后台：采用 Golang + Xorm + Macrom 开发，支持二进制的形式部署。

WAF 和 WAF-Admin 必须同时部署在每一台云 WAF 服务器中。

**1. WAF 安装**

本次使用 CentOS 平台，从 OpenResty 官方下载最新版本的源码包，编译安装 OpenResty：

```
yum -y install pcre pcre-devel
wget https://openresty.org/download/openresty-1.13.6.2.tar.gz
tar -zxvf openresty-1.13.6.2.tar.gz
cd openresty-1.13.6.2
./configure
gmake && gmake install
/usr/local/openresty/nginx/sbin/nginx -t
nginx: the configuration file /usr/local/openresty/nginx/conf/nginx.conf
syntax is ok
nginx: configuration file /usr/local/openresty/nginx/conf/nginx.conf test
is successful
/usr/local/openresty/nginx/sbin/nginx
```

**2. WAF 部署与配置**

将 X-WAF 的代码目录放置到 OpenResty 的/usr/local/openresty/nginx/conf 下，然后在 OpenResty 的 conf 下新建 vhosts 目录。

```
cd /usr/local/openresty/nginx/conf/
git clone https://github.com/xsec-lab/x-waf.git
mkdir vhosts
```

备份 nginx 原配置文件。

```
cp nginx.conf nginx.conf.bak
rm nginx.conf
```

```
vim nginx.conf
```

复制下面的代码，粘贴并保存。

```
user  nginx;
worker_processes auto;
worker_cpu_affinity auto;
events {
    worker_connections  409600;
}
http {
    include mime.types;
    lua_package_path "/usr/local/openresty/nginx/conf/x-waf/?.lua;
    lua_shared_dict limit 100m;
    lua_shared_dict badGuys 100m;
    default_type  application/octet-stream;
    lua_code_cache on;
    init_by_lua_file /usr/local/openresty/nginx/conf/x-waf/init.lua;
    access_by_lua_file /usr/local/openresty/nginx/conf/x-waf/access.lua;
    ssl_session_timeout 5m;
    ssl_protocols SSLv2 SSLv3 TLSv1;
    ssl_ciphers
ALL:!ADH:!EXPORT56:RC4+RSA:+HIGH:+MEDIUM:+LOW:+SSLv2:+EXP;
    ssl_prefer_server_ciphers on;
    sendfile  on;
    keepalive_timeout  65;
    include vhosts/*.conf;
    server {
        listen  80;
        server_name  localhost;
        location / {
            root    html;
            index  index.html index.htm;
        }
    }
}
```

新建 nginx 日志目录。

```
cd /var/log/
mkdir nginx
```

WAF 测试，使用 root 权限执行以下命令测试配置文件的正确性，如果测试结果返回 ok，则表示配置是正确的。

```
$ sudo /usr/local/openresty/nginx/sbin/nginx -t
[sudo] hartnett 的密码：
nginx: the configuration file /usr/local/openresty/nginx/conf/nginx.conf
syntax is ok
nginx:  configuration  file  /usr/local/openresty/nginx/conf/nginx.conf
test is successful
```

如果配置文件正常就可启动 WAF。

```
$ sudo /usr/local/openresty/nginx/sbin/nginx
WAF 防御效果测试：
curl http://127.0.0.1/\?id\=1%20union%20select%201,2,3
```

如果返回的内容中包含"欢迎在遵守白帽子道德准则的情况下进行安全测试"等字样就表示 WAF 已经在正常运行了。

### 3. WAF-Admin 配置

WAF-Admin 需要 MYSQL 的支持，先准备一个 MYSQL 数据库的账户，以下为 app.ini 的配置范例：

```
RUN_MODE = dev
;RUN_MODE = prod

[server]
HTTP_PORT = 5000
API_KEY = xsec.io||secdevops.cn
NGINX_BIN = /usr/local/openresty/nginx/sbin/nginx
NGINX_VHOSTS = /usr/local/openresty/nginx/conf/vhosts/
API_SERVERS = 127.0.0.1, 8.8.8.8

[database]
HOST =127.0.0.1:3306
USER =waf-admin
PASSWD =123456
NAME = waf
[waf]
RULE_PATH = /usr/local/openresty/nginx/conf/waf/rules/
```

配置完成后，在当前目录执行 ./server 测试程序。第一次启动时，如果数据库能正常连接，则会自动初始化默认的 waf 规则，以及新建一个用户名为 admin，密码为 x@xsec.io 的用户。

WAF-Admin 需要操作 nginx 的 master 进程。以 root 权限启动，可以使用 supversisor、nohup、systemd 等将 WAF-Admin 运行在后台。

## 【课后习题】

### 一、选择题

1. 4A 统一安全管理体系包括（　　　）（多选）。

    A. 账号管理　　　　　B. 身份认证　　　　C. 授权管理　　　D. 安全审计

2. CC 是指（　　　）。

    A. 分布式拒绝服务攻击的一种　　　　　　B. 是对网页内容的篡改

    C. 证书 CA 中的一部分　　　　　　　　　D. 一个黑客组织

3. 下列关于云应用安全描述错误的是（　　　）。

    A. 云应用安全问题的出现主要是由于云应用存在大量漏洞

    B. 云 App 的使用者不需要对安全问题负责

    C. 云应用使用者的不当使用也会产生安全问题

    D. 云 Web 应用和云 App 安全将会是应用安全的重灾区

### 二、简答题

1. 试简要说明 4A 统一安全管理的内容。

2. 试列举你所接触到的身份认证方法。

3. 目前市场上有哪些云应用安全防护产品？主要技术措施是什么？

# 第 7 章  SECaaS

■田 学习目标

☑ 了解 SECaaS 的概念;

☑ 理解 SECaaS 的优势;

☑ 了解 SECaaS 服务类别;

☑ 掌握常见 SECaaS 产品和服务的使用方法;

☑ 了解 SECaaS 的发展趋势。

## 7.1  SECaaS 概念

SECaaS（Security as a Service，安全即服务）是指一种通过云计算方式交付的安全服务，也称"安全云服务""云安全服务"，类似于 IaaS、PaaS、SaaS 的定义，SECaaS 也是云计算的一种，其特殊之处是交付的资源是安全产品或安全服务，简单地说就是从云端提供的安全服务。

安全即服务是指提供商将提供安全能力作为云服务。这包括专门的安全即服务提供商，以及通用云计算提供商自带的安全特性。安全即服务涵盖了各种技术，但必须符合以下 CSA 提出的两个标准：通过云服务方式提供的安全产品或服务；其服务必须满足美国国家标准与技术研究院（NIST）提出的云计算基本特性。

事实上，在云计算出现之前，20 世纪 90 年代中后期，北美就出现了可管理安全服务（Managed Security Service，MSS），也称托管安全服务。提供这种服务的公司是托管安全服务提供商（MSSP），最初的 MSSP 一般是指互联网服务提供商（ISP），ISP 向客户出售防火墙设备作为用户驻地设备（CPE），并收取额外费用，通过拨号连接管理客户所有的防火墙。

Gartner 对 MSS 的定义：透过远程安全运营中心（而非驻场人员）以共享服务模式提供的 IT 安全功能的远程监测与管理。MSS 早已是一个成熟市场，其服务内容涵盖客户边界网络安全设备的监控管理、日志分析及 SECaaS 服务。在一些资料中，MSS 和 SECaaS 是作为相似概念进行讨论的。

SECaaS 基于 SaaS 模式面向企业提供安全服务，提供的是应用层及其以上的安全服务，在第 6 章云应用安全中介绍的云 WAF 和云 App 安全也可以划分到 SECaaS 概念的范畴。根据云计算的通用架构体系，将 SaaS 定义为以底层的 IaaS 和 PaaS 为支撑，并基于互联网面向最终用户的产品服务模式。云计算关键领域安全指南和传统的信息安全产品与服务相比，SECaaS 模式具有的潜在好处主要有如下六点。

（1）云计算的优势

云计算通常具有的潜在优势（如降低资本成本、灵活性、冗余、高可用性和弹性）都适用于 SECaaS。与其他云提供商一样，这些好处的大小取决于安全提供商的定价、执行和能力。

（2）人员配置和专业知识

许多组织都在努力雇佣、培训和保留跨相关专业领域的安全专业人员，但是有相当大的局限性和高成本。SECaaS 供应商带来了广泛的领域知识和研究的内容，这对于许多目光局限的组织来说是不可能实现的。

（3）智能共享

SECaaS 提供商同时保护多个客户，将有机会在客户相互间共享信息情报和数据。例如，在一个客户端中发现恶意软件样本允许提供商立即将其添加到其防御平台，从而保护其他客户。情报共享是内置在服务中的，具有潜在的好处。

（4）部署灵活性

SECaaS 能够更好地支持不断发展的工作场所和云迁移，其本身就是由使用互联网访问和弹性云计算模式提供的。可以实现更灵活的部署模式，如支持分布式位置而不需要复杂的多站点硬件安装。

（5）客户无感知

在某些情况下，SECaaS 可以在组织受到攻击之前直接拦截攻击，例如，垃圾邮件过滤和云 WAF 部署在攻击者和组织之间，在达到客户资产之前就可以处理某些攻击。

（6）扩展和成本

云模式为消费者提供了"按需付费"模式并提供扩展，这也有助于组织专注于其核心业务，并将安全问题留给专家。

## 7.2　SECaaS 常见服务

Gartner 对 MSS 进行了定义，却没有明确的类型划分，只是做了简要描述。目前，比较详细、更具参考意义的是 CSA（云安全联盟）下属的 SECaaS 工作组在文档 *Defining Categories of Security as a Service* 中，对 SECaaS 的 12 种服务类别的定义（2016 年 2 月 29 日发布）。参照于此，对 SECaaS 常见服务分类如下。

（1）Network Security（网络安全）

网络安全由分配网络访问、分发、监视和保护网络服务的安全服务组成，在云/虚拟环境中，网络安全很可能由虚拟设备提供。

（2）Vulnerability Scanning（漏洞扫描）

漏洞扫描通过公共网络扫描目标基础设施或系统的安全漏洞。

（3）Web Security（Web 安全）

Web 安全通过云服务商提供对 Web 流量的代理，从而提供对公众所面临的应用服务的实时保护。其实现形式一般为 Web 安全网关，如云 WAF 等，很多产品能够同时提供反DDoS 功能。

（4）E-mail Security（E-mail 安全）

E-mail 安全提供对入站和出站电子邮件的控制；保护组织不受钓鱼、恶意附件和垃圾邮件的影响；实施可接受的使用和垃圾邮件防范等公司政策，并提供业务连续性选项。此外，电子邮件安全还可以支持基于策略的电子邮件加密，以及实现身份识别和不可否认性的数字签名功能等。

（5）Identity and Access Management（IAM，身份识别与访问控制）

身份识别与访问控制提供标识管理、治理和访问控制，包括身份验证、身份确认、访问智能和特权用户管理。

（6）Encryption（数据加密）

数据加密提供加密数据和/或加密密钥管理服务。由云服务提供以支持客户管理的加密和数据安全，可能仅限于保护该特定云提供商中的资产，或者可以跨多个提供商访问（甚至通过 API 本地化部署）进行更广泛的加密管理。

（7）Intrusion Management（入侵管理）

入侵管理是使用模式识别来检测统计异常事件、防止或检测入侵尝试和管理事件的过程。使用 IDS/IPS 作为服务，信息将提供给服务提供商的管理平台，而不是由客户自己负责事件分析。

（8）Data Loss Prevention（DLP，数据防丢失）

数据防丢失是指在静止、运行和使用中监视、保护和验证数据的安全性。

（9）Security Information and Event Management（SIEM，安全信息与事件管理）

安全信息和事件管理接受日志和事件信息、关联和事件数据，并提供实时分析和关联。云 SIEM 通过云服务收集这些数据，而不是由客户管理的本地系统。

（10）Business Continuity and Disaster Recovery（BCDR，业务连续性与灾难恢复）

业务连续性和灾难恢复是为了确保在任何服务中断的情况下，确保操作弹性措施的实施。云 BCDR 服务商将数据从单个系统、数据中心或云服务备份到云平台，而不是依赖本地存储或运送磁带。

（11）Continuous Monitoring（持续监控）

持续监控执行持续风险管理的功能，呈现组织当前的安全态势。

（12）Security Assessments（安全评估）

安全评估是基于行业标准云服务的第三方审计，通过云方式提供对云服务的第三方或客户驱动的审核或对本地部署系统进行评估。

## 7.3  SECaaS 发展前景

从 SECaaS 发展历程来看，其最早起源于 2003 年基于网格提供反垃圾邮件和反病毒服务，2008 年趋势科技率先提出"Web 安全云时代"的概念。近年来，SECaaS 的服务种类从早期的漏洞扫描、反垃圾邮件等向云清洗、云监控等更高阶的产品形态扩展。

几年前，"安全即服务（SECaaS）"这个概念，与人们熟悉的其他网络安全概念一样，还处于婴儿期。当时，SECaaS 就像一个黑箱，是安装到计算机网络中由"别人"运行并监视的网络安全服务，不受重视，也心存疑虑。如今，人们对 SECaaS 的态度和看法已经发生了很大的转变。公司企业无论规模大小，都在应用 SECaaS 来提升网络安全能力，从而提供当今网络安全生态系统所需的全天候入侵检测和预防服务。

SECaaS 的市场数据充分说明了这一点，全球 SECaaS 市场预计在 2016—2020 年的 5 年间拥有近 20%的年增长率，从约 30 亿美元增长到 80 亿美元。

SECaaS 采用云架构模式，在信息安全弹性部署、响应速度，以及借助全网数据在安全预警、威胁情报分析等方面具有天然的优势。相对于传统信息安全设备/服务，SECaaS 最直接的优势是费用更低、专业性更强、安全效果更好。

公司解决安全问题的传统方式是自己购买硬件、管理设备和设计安全策略，每年可能需要花费数亿美元。如果使用 SECaaS，让专业的人做专业的事，会大幅减少入侵检测"误报"，不再有"警报疲劳"，收到的警报是经 SECaaS 提供商专业安全防御人员实时审查后的真实可执行警报。随着连入关键基础设施及物联网（IoT）创建的连接设备不断增长，网络攻击状况只会一天天变得更加糟糕，因此，使用 SECaaS 将会减少企业安全人员的大量工作，并能保障更高的安全性。

根据市场分析和专业机构预测，SECaaS 崛起已成必然。

（1）云计算的冲击

近年来，云计算以锐不可当的势头冲击了几乎所有的传统产业，并直接促进了大数据、物联网、人工智能产业的发展壮大，也必将冲击传统信息安全产业，促使信息安全产品和服务云化，全球信息安全产业正面临结构性调整。借助 SaaS 业务的部署，垂直类企业正在对信息安全行业现有的竞争格局造成冲击，如在 Web 安全行业，Zscaler、Blue Coat 已经成为趋势科技，是 McAeff 等传统企业的有力竞争者；在 APT 行业，Fire Eye 不断扩大和竞争对手的市场优势。"云防护"将成为趋势，安全即服务的概念必将如 IaaS、PaaS、SaaS 一样深入人心。

（2）资产保护的需要

随着网络发展和云计算、大数据等产业发展，数据和应用将成为最有价值的 IT 资产，而这些资产相当部分都在云端，出于资产保护的需要，基于"云"的安全服务成为必需。

（3）新型攻击的促使

近年来，以勒索病毒、0 day 攻击为代表的 Web 攻击、DDoS、APT 等新型攻击方式增长迅速，传统保护手段应对乏力，需要对专业能力更强、应对更迅速地云防护手段提供保护。

（4）产业政策的驱动

云计算、大数据、物联网、人工智能等基础技术快速成熟，各国纷纷制定产业政策，扶持新兴产业发展，加上网络空间安全上升至国家战略高度，必然促使 SECaaS 在技术革新、服务创新上获得长足发展。

相对于其他技术路径，业界主要的担忧点在于，SECaaS 架构整个安全体系的运行集中于云端一点，攻击者只要攻破云端系统，即可对整个安全体系造成致命打击，因此，SECaaS 云端系统自身的安全更为重要。对此，专业人士认为目前亚马逊云、阿里云等公有 IaaS 在安全环节的稳定表现可以作为最好的回应，iCloud 的数据泄露也主要源于内部管理问题，而非技术问题。因此，云化架构并不是当前阻碍 SECaaS 的重要阻力或是明显技术缺陷。SECaaS 采用云架构模式，在信息安全弹性部署、响应速度，以及借助全网数据在安全预警、威胁情报分析等方面具有天然的优势，SECaaS 的崛起和发展具有产业内在的必然性。

## 7.4　SECaaS 技术措施

目前，各大公有云提供商都提供了各种云安全技术服务，如阿里云提供了针对各类应用场景的安全解决方案：等保合规安全、政务云安全、新零售安全、混合云态势感知、互联网金融安全、游戏安全、社交/媒体 Spam、移动 App 推广欺诈、企业预防勒索等；腾讯云提供了立体防护安全、直播安全、URL 安全、数据安全、数据迁移等；网易云·易盾针对直播、短视频、社交、金融、游戏、媒体等应用专门推出各类安全解决方案；百度云提供从服务器、网络到业务应用的全体系安全产品和服务等。

这些云安全服务一方面是云服务商在提供云计算服务时，需附加提供的安全服务保障，如 4A 统一安全管理、数据保密、数据备份等，这是云计算本身就需要解决的安全问题；另一方面是将云安全服务作为云计算服务的一种特例，独立提供给云用户，如云 WAF、云IDS、云网页过滤与杀毒应用、云垃圾邮件过滤、反恶意软件/间谍软件、云安全事件管理、云审计等。

由于篇幅限制，这里只对趋势科技云安全防护、绿盟科技云安全产品做简单介绍，其他安全产品及技术原理请读者通过网络自行学习。

### 7.4.1 主动式云端截毒技术

Smart Protection Network（SPN），译作"主动式云端截毒技术"或"智能防护网络"，是趋势科技的云安全核心技术。趋势科技在多年前就已展开迈向云端之路，着手建立 Smart Protection Network 的基础架构。这个架构是以云端电子邮件信誉技术、Web 信誉技术、文件信誉技术"三合一"的交叉关联分析技术，形成全球威胁情报关联数据库，服务全球客户。

Smart Protection Network 追求更完整的威胁情报、更快的威胁侦测与拦截、更小的病毒码更新，提升云端防护成效，以应对今日威胁的数量、变化与发展速度。在透过云端提供信息安全的同时，趋势科技也积极提升云端本身的安全技术，即提高云端系统本身的安全防护能力。

#### 1．SPN 运作方式

SPN 架构的运作包含三个主要部分，即搜集、发掘、防护，其运作逻辑如图 7-1 所示。

图 7-1　SPN 的运作逻辑

（1）搜集大量资料

每年都会出现 3 千个新的攻击。SPN 的设计就是要搜集大量资料来发掘这些攻击。收集的信息包括以下内容。

① 每天搜集 6 TB 以上来自全球的威胁资料，用以更完整地掌握攻击的特性。

② 持续使用遍布全球的沙网（Sand Net）、档案回报、反馈机制、网际网络地毯式搜索，以及搜索客户、合作伙伴与 Trend Lab 研究人员所组成的网络。

③ 搜寻各种不同潜在威胁来源，包括 IP、网域、档案、漏洞与漏洞攻击、移动 App 程序、幕后操纵通信、网络通信及网络犯罪者。

（2）透过大数据分析发掘威胁

大约在 7 年前，当 SPN 开始建立时，便率先运用大数据分析获得威胁情报。SPN 建立了数千个事件资料来源，将数十亿笔事件导入趋势科技的资料中心，并且成为资料采集工具和技巧的专家，发掘各种不同类型的威胁与正在发生的攻击。

① 发掘交叉关联攻击事件所有层面之间的重要关系。

② 模拟网络犯罪者行为及其工作环境，快速分辨威胁与非威胁。

③ 利用行为式侦测方法主动发掘数据流中新的威胁。

（3）保护客户，不论资料位于何处

能以快速的回应来对抗快速的攻击是非常重要的，SPN 一直在第三方独立测试中展现出较快的回应速度。

① 通过考验的云端基础架构能快速为实体、虚拟机、云端及移动环境提供威胁情报。

② 在云端处理威胁信息能减少占用客户端系统的资源，更能省去耗时的病毒码下载。

③ 效能更高，还不需要维护，进而降低运营成本。

**2．主要核心技术**

前面提到 SPN 通过邮件信誉技术、Web 信誉技术、文件信誉技术"三合一"的交叉关联分析，实现智能网络防护，后来趋势科技还开发了 App 信誉技术，下面将简要介绍这四种技术及关联分析技术的应用。

（1）邮件信誉技术

通常一个用户收到黑客发出的垃圾邮件，并单击邮件里的某个 URL 或图片就会被转到某个恶意网站去下载恶意软件，用户在不知情的状况下一旦中毒，信息就可能被偷，或者受到更多病毒感染。邮件信誉技术可以对客户要访问的邮件进行安全评估，阻止用户去访问有威胁的邮件，实现在垃圾邮件达到网关前隔离。

（2）Web 信誉技术

使用 IWSS（InterScan Web Security Suite，网络安全套件）实现对 Web 的安全防范。IWSS 作为第一级防御封锁了对已知间谍网站的访问，对于使用 URL 过滤的客户，可以通过禁止间谍软件相关的目录 URL 来阻止其他相关网站。

IWSS 集成了一个用于间谍软件和灰色文件扫描的特定模式文件。灰色软件是一个术语，用来描述企业想要阻止的合法但具有潜在危害的程序。利用 IWSS 的细粒度过滤器，客户可以选择屏蔽以下灰度类：广告软件、拨号器、黑客工具、远程访问工具、密码破解应用程序、间谍软件等。

IWSS 不仅扫描传入的流量，还分析传出的流量。如果一台 PC 正在尝试访问一个已知的间谍软件站点，那么 IWSS 将会阻止通信，其活动会被记录下来。

（3）文件信誉技术

文件信誉技术针对的是恶意软件或病毒，使用 Cloud-Client File Reputation（云客户端文件信誉）技术。该数据库是设立在趋势科技云端的 Server，这个庞大的数据库会不断并自动更新，提供给客户更及时的保护。可以选择把云端的威胁情报同步到本地的扫描服务器，终端可以查询云端数据库，也可以扫描本地服务器。这样可以避免频繁查询互联网，减少终端的网络资源负担，当员工移动办公时也可以直接从网络查询云端的数据库，避免更新中断。

（4）App 信誉技术

移动 App 信誉评级技术，能动态搜集并评估移动 App 程序，侦测其恶意活动、资源用量与隐私权问题。服务供应商和应用程序开发人员可轻松整合这项移动 App 程序信誉评级技术，用以提供更高质量的 App 程序，并提升 App 程序商店的安全，而使用者则能避开隐私权的风险与资源占用的问题。

若配合其他信誉评级技术，就能确保用户不受恶意 App 程序的威胁，也不会连接上散发这类 APP 程序的网站。

（5）关联分析技术

趋势科技的云安全关联分析就是将上述四种技术收集到的信息关联起来进行分析，扩展恶意威胁的关联信息，实现全面防范。

当 SPN 收集到一封垃圾邮件的时候，就会把邮件的来源地址放到邮件信誉库里面；也会把邮件里面的链接取出来做更多的分析，把可疑的链接加入 Web 信誉数据库；还会去互联网上把相关的文件取回来分析，如果这个文件是一个恶意软件，将把它加入文件信誉库中；并且把这个文件相关的链接、这个病毒使用的一些网址，都加到 Web 信誉数据库里；然后用这些网址继续发现更多的恶意软件及恶意 App，再将其加入 App 信誉库。通过这种重复的分析，可以发现更多的关联威胁，从而实现更全面的防护。

## 7.4.2　绿盟云智慧安全 2.0 战略

绿盟科技根据目前云安全的现状，建立了自己的绿盟云智慧安全 2.0 战略，它是一个企业整体运营的升级换代过程，也是传统网络安全公司的下一代生存方式。它要求企业安全防护能够智能、敏捷和可运营，而支撑这三个特征的实现，需要具备三种体系架构能力：态势感知——对攻防的判断，对下一步的指导；纵深防御——没有绝对的安全，如何在某一点或几点失败的情况下，确保整体安全；软件定义——这是实现智慧、敏捷和可运营的最好选择。

态势感知包括三种能力：感知、预警和溯源。

① 感知：以绿盟科技网络入侵检测和防御、抗 DDoS、漏洞扫描等多种技术为基础，全面展示当前安全态势，让用户感知现在的安全状况。

② 预警：利用攻击链模型，预测攻击行为，调整防御部署，有效地抑制黑客攻击。

③ 溯源：与态势感知能力相结合，发现僵尸主机的命令控制服务器，通过追踪通信，发现受其控制的其他僵尸主机，进而发现整个僵尸网络。

绿盟云智慧安全解决 2.0 战略，包含抗 DDoS、虚拟物理边界综合防护、虚拟内网异常行为检测防护、云主机加固和 Web 站点安全等。云环境非常复杂，现有的安全产品不大可能为云中的客户解决安全问题。业界的安全架构需要重构，可以考虑将安全数据和控制分离，通过池化将各种安全设备进行资源池化，形成一个个具有安全能力的资源池。在资源池之上提供标准的应用接口，通过这些接口，开发出满足客户各种各样复杂的业务需求。在这个安全资源池之上，提供一个可称之为"智慧大脑"的安全控制器，产生预测报警，做出决策，最后将指令下发，完成自动化的运维，即纵深防御。

使用一个简单的安全设备，配置一个按需的解决方案，就能完成对客户云环境中安全威胁地快速检测、防护，即软件定义安全。在云环境中，配合 SDN 和 NFA，可以提升安全响应和防护速度，快速升级和更新，让安全更加敏捷。

用一句话概括绿盟云智慧安全 2.0 战略就是："安全资源'云化'"，当然这其中还涉及很多的工作和技术，实现起来非常复杂，但这可能是未来信息安全技术发展的方向。

## 7.5　项目实训

目前，各大云计算服务商、安全产品服务商及其他 IT 服务商，都提供了各式各样、各有特色的云安全服务，本次实训要求每人至少注册 5 家提供云安全服务的网站，分类统计其所提供的安全服务，使用统计分析的方法总结提供服务的前 5 种类型，完成实训报告。

**实训任务**

体验云安全服务。

**实训目的**

（1）了解云安全服务内容；
（2）增强对 SECaaS 概念的理解和掌握；
（3）学会统计分析方法，并经过统计分析，了解业界状况；
（4）学会统计分析报告的撰写方法。

**实训步骤**

1．搜索各类云安全服务提供商的网址，包括但不限于以下服务商：阿里云、百度云、腾讯云、华为云、蓝盾云防线、网易云·易盾、金山网络云盾、瑞星安全云等，鼓励寻找小众产品及国外产品，了解其技术亮点。

2．注册并了解产品内容、试用、测评。

3．分析云安全服务的技术内涵，加深对教材知识的理解和掌握。

4．统计云安全服务排名前 5 种类型，分别进行描述和分析。

5．完成实训报告和统计报告。

【课后习题】

**简答题**

1．简述 SECaaS 的概念及主要服务内容。

2．根据 SECaaS 的发展现状和前景，谈一谈自己的看法。

3．你所了解到的有哪些云安全服务？你曾自己主动使用过哪些？有何使用感受？

# 参 考 文 献

[1] Kivity A, Kamay Y, Laor D, Lublin U, Anthony L. KVM: The Linux virtual machine monitor. In: Proc. of the Linux Symp. New York: ACM Press, 2007: 225-230.

[2] Barham P, Dragovic B, Fraser K, Hand S, Harris T, Ho A, Neugebauer R, Pratt L, Warfield A. Xen and the art of virtualization. In:Proc. of the 19th ACM Symp. on Operating Systems Principles. New York: ACM Press, 2003: 164-177.

[3] Jin H. Computing System Virtualization: Principles and Applications. Beijing: Tsinghua University Press, 2008.

[4] King S T, Chen P M. Subvirt: Implementing malware with virtual machines.In: Proc. of the IEEE Symp. on Security and Privacy. Washington: IEEE Computer Society, 2006.

[5] P. C. Kocher. Timing Attacks on Implementations of Diffie-Hellman, RSA, DSS, and Other Systems. In: Advances in Cryptology - CRYPTO, Springer, 1996: 104-113.

[6] McCune J M, Li Y, Qu N, et al. Trustvisor: Efficient TCB reduction and attestation. In: Proc. of the IEEE Symp. on Security and Privacy. Washington: IEEE Computer Society, 2010: 143-158.

[7] Seshadri A, Luk M, Qu N, Perrig A. SecVisor: A tiny hypervisor to provide lifetime kernel code integrity for commodity OSes. In:Proc. of the ACM Symp. on Operating System Principles. New York: ACM Press, 2007: 335-350.

[8] Zhang F, Chen J, Chen H, et al. Cloudvisor: retrofitting protection of virtual machines in multi-tenant cloud with nested virtualization. In: Proc. of ACM Symp. on Operating System Principles. New York: ACM Press, 2011: 203-216.

[9] Wang Z, Jiang X. HyperSafe: A lightweight approach to provide lifetime hypervisor control-flow integrity. In: Proc. of the IEEE Symp. on Security and Privacy. Washington: IEEE Computer Society, 2010: 380-395.

[10] A. Azab, P. Ning, Z. Wang, X. Jiang, X. Zhang, and N. Skalsky. HyperSentry: enabling stealthy in-context measurement of hypervisor integrity. In: Proc. of theACM Conf. on Computer and Communications Security. New York: ACM Press, 2010: 38-49.

[11] Wang J, Stavrou A, Ghosh A. HyperCheck: A hardware assisted integrity monitor. In: Proc. of the Internation Symp. on Recent Advances in Intrusion Detection. Berlin: Springer, 2010: 158-177.

[12] 林昆, 黄征. 基于 Intel VT.d 技术的虚拟机安全隔离研究. 信息安全与通信保密，2011.

[13] Sailer R, Valdez E, Jaeger T, et al. sHype: Secure hypervisor approach to trusted virtualized systems. IBM Research Report RC23511, 2005.

[14] X. Chen, T. Garfinkel, et al. Overshadow: a virtualization-based approach to retrofitting protection in commodity operating systems. ASPLOS, 2008.

[15] S. Berger, R. Cáceres, et al. vTPM: Virtualizing the trusted platform module. In: Proc. of the

USENIX Security, 2006.

[16] 左青云，陈鸣，赵广松，邢长友，张国敏，蒋培成．基于 Openflow 的 SDN 技术研究．软件学报，2013.

[17] 中国互联网络信息中心.第 41 次中国互联网络发展状况统计报告，2018.

[18] 李国杰等，《云计算技术、产业与应用研究》咨询报告，2012.

[19] Automated Security Analysis of Infrastructure Clouds.

[20] CSA. Defined Categories of Security as a Service, 2016.

[21] CSA.Security Guidance for Critical Areas of Focus in Cloud Computing v4.0.

[22] OWASP. OWASP MOBILE TOP 10.

[23] OWASP. OWASP Top 10（2017）.

[24] NIST. The NIST Definition of Cloud Computing.

[25] 吴世忠，李斌，张晓菲，沈传宁，李淼．信息安全技术．北京：机械工业出版社，2017.

[26] 陈驰，于晶，等．云计算安全体系．北京：科学出版社，2014.

[27] 吴世忠，江常青，孙成昊，李华，李静．信息安全保障．北京：机械工业出版社，2017.

[28] 梁雪梅，路亚．数字身份认证技术．北京：中国水利水电出版社，2014.

[29] 路亚，李贺华．网络安全产品调试与部署．北京：中国水利水电出版社，2014.

[30] 鲁先志，武春岭．数据存储与容灾（第 2 版）．北京：高等教育出版社，2018.

[31] 武春岭，路亚．信息安全产品配置与应用．北京：高等教育出版社，2017.